엿듣는 도청
엿보는 몰카

엿듣는 도청 엿보는 몰카

2019년 3월 05일 초판 1쇄 인쇄
2019년 3월 10일 초판 1쇄 발행

지 은 이 : 안 교 승
펴 낸 이 : 최 정 식
진　　행 : 인포더북스 출판기획팀

펴 낸 곳 : 인포더북스
홈페이지 : www.infothebooks.com
주　　소 : (121-708) 서울시 마포구 마포대로 25 신한디엠빌딩 13층
전　　화 : (02) 719-6931
팩　　스 : (02) 715-8245
등　　록 : 제10-1691호

표지 내지디자인 : 천 혜 미

Copyrights ⓒ 안교승, 2019, Printed in Seoul, Korea
본 도서는 저작권법에 의해 보호를 받는 저작물이므로 내용을 무단으로 복사, 복제, 전제 및 발췌하는 행위는 저작권법에 저촉되며, 민형사상의 처벌을 받게 됩니다.

정가 28,000원
978-89-94567-87-7 (93560)

『당신은 도청으로부터 안전하십니까?』

엿듣는 도청
엿보는 몰카

서울에는 비밀이 없다

목 차

서문	009
추천사	012

01 _ 도청도 디지털시대!

더 큰 보안시장, 뉴욕으로 가다	018
제2의 탐정교실을 홍콩에서 기획하다	022
도청도 디지털시대!	025
서울에는 비밀이 없다	028
휴대폰의 감청과 해킹 논란	030

02 _ 도청 기술의 세대교체!

디지털 도청 기술의 글로벌 동향	034
도청 기술의 활발한 세대교체	037
먼저, 유선 마이크로폰 도청기	040
또 다른, 유심카드로 도청	042
신용카드가 아니다	044
스마트폰 전원을 끄고 들어오라?	046
나는 전등입니다만, 믿지 마세요!	048
그냥 벽이 아닙니다	050
그렇다면 유리창을 볼까요?	052

03 _ 전문 도청기, 모두가 작품!

알고 보면 입이 얼어붙는(?) 집음용 마이크 시스템	056
인터넷망을 이용한 음성 도청기	059
요즘 핫하게 인기 있는 도청기	060
각국의 스파이들이 즐겨 사용하는 녹음기	062

듣고 싶은 음성만 쏙 집어내는 음성 추출 시스템 065
팩스 복조용 소프트웨어 067
스파이 폰(도청 앱) 069
가짜 기지국 사건들 072
스마트폰 감청 장비 075
Wi-Fi 도·감청 시스템 080
IP 도·감청 솔루션 084
소셜 미디어 도·감청, 사회적 프로파일링을 위하여... 087
패킷 감청과 헌법의 불합치 089

04 _ 도청 감시 기술의 세대교체! 091
은밀한 포착 092
도청 감시 기술의 세대교체! 096
디지털 스파이 vs. 아날로그 보안팀 100
5G(세대) 디지털 도청 365원격감시장비 103

05 _ 디지털 도청 탐지 장비 113
초고속 · 30GHz 스펙트럼 분석기 114
디지털 도청기 탐지 장비 116
유선 마이크로폰 탐지 장비 118
스마트폰 · GPS 추적기 탐지 장비 121
스마트폰 · 녹음기 검색대 124
스마트폰 탐지 모니터 127
무인 불법 스마트폰 사용 감지기 130
스마트폰 등 휴대품 검사용 기기 132
통신보안과 위치 추적 135

06 _ 도청 공포로부터 탈출하자. 디지털 도청 방지 장비 — 139

- 보안폰(스마트폰 암호 S/W, 비화기) — 140
- 사운드 마스킹(레이저 도청 방지 장비) — 144
- 구수회의 장비(회의실 도청 방지 장비) — 147
- 오바마 텐트 — 149
- 녹음 방해 · 차단 장비 — 151

07 _ 사내외 및 특정구역 보안측정을 위한 고려사항 — 157

- 우리집 도청기, 내가 한번 찾아 봐? — 158
- 우리회사, 보안점검(측정)을 위한 실시방법과 업무절차 — 162
- 보안구역 지정과 견적 의뢰 — 165
- 투입 장비 리스트와 항목 — 166
- 교신분석과 정보해독 — 169
- 결과 보고서 및 종합 의견 — 171
- 1회성 탐지 의뢰와 관련한 보안측정 팁 — 173
- 탐지가 안 되는 도청기들도 있다(?) — 175

08 _ 몰카공화국, "당신은 안녕하십니까?" — 177

- 몰카와의 전쟁과 개인 사생활 침해 — 178
- 산업 스파이와 몰카 — 181
- 몰카의 유형과 대책 — 184
- 몰카 탐지기의 종류와 활용 — 186
- 몰카를 찾기 위해서는… — 193
- 몰카를 찾을 수 있는 장비의 조건 — 195

09 _ 도청과 몰카에 대한 오해와 진실 — 199

- 오해와 진실 — 200

글을 마치면서… — 203

| 서문

책을 내면서…

이 책을 갑작스럽게 쓰게 된 동기는 그간 해외 시장에서 보고 듣고, 수집한 정보를 국내 시장에서는 아무리 이야기해도 진정한 위기 의식으로 받아들여지지 않았기 때문이다. 이러한 의식을 바꾸기에는 많은 시간이 필요할 것이라는 현실적 한계를 느꼈고 그것은 한편으로는 적지 않은 실망이었으며 또 커다란 충격으로 다가왔다.

결국 시장에서 그것을 받아들이기 힘겨운 이유는 다름 아닌 도청 감시만큼은 국내에서 아날로그 기술에 너무 익숙해 있고 또한 아날로그 기술에 집착하리만큼 벗어나기를 부담스러워 한다는 것이다.

한마디로 일반인들은 "도청"하면 요즘 시대에 당연히, 너무도 당연히 디지털 방식으로 받아 들일 텐데 정작 업계에서는 그렇지 못하다는 것이 대단히 충격적인 사실이라는 것이다.

예를 들어 대기업, 정부 기관 보안팀의 누구와 이야기해도 그저 남의 이야기를 듣는 식이었다. 무엇보다 스마트폰, 와이파이 도청이 실감 나지 않는 듯했다. 오로지 AM, FM, 영상의 복조에만 목을 메다시피 했다. 어차피 복조는 통신 비밀 보호법상 엄연히 불법이다. 디지털 도청, 디지털 카메라에서는 복조가 안 된다고 하는데도…

나는 디지털 도청을 이해시키고 인식시키는것이 그렇게 힘들 줄은 솔직히 몰랐다.

디지털 도청 보안 교육 강좌도 만들었다. 3년 전부터 해마다 실시하려다가 번번이 실패를 한 일이다. 홍콩에서 실전을 방불케 하는 프로그램이었다. 정보, 수사 기관에서 해~달라고 해달라던 상황이었다.

정말 IT 강국으로서의 대한민국 보안이 이 정도밖에 되지 않았던가 하는 생각과 함께 우리 앞에 닥친 디지털 도청 공격의 위협을 나는 그냥 두고 볼 수만 없었다.

도청 기술의 세대교체를 분명히 알려야 했다.

아무튼 지난번 강화도, 필리핀 마닐라에 이어 세 번째 길을 떠났다. 그간의 경험들을 빼놓지 않고 쓰려면 모든 현실을 뒤로하기로 하였다. 그리고 디지털 도청 보안을 글로 써야겠다며 케이프 타운의 한 아파트에서 짐을 풀었다.

2005년도 국가정보원 미림팀 도청 이슈만큼 큰 사건이 없는 비교적 조용한 요즘이다. 과연 그럴까? 이미 십수 년이 흘렀고 통신 기술도 놀랄 만큼 발전했다.

디지털 도청 기술로 살짝 무장한 스파이에 대해 아날로그 기술로 중무장한 도청 보안팀, 누가 이길까?

아마도 90%는 디지털 도청팀이 이길 것이다. 압도적이다.

한마디로 아날로그 도청 보안팀의 의지로는 디지털 도청팀을 이길 수가 없다.

그래서 요즘 우리 사회가 조용하다고 나는 생각한다. 도청을 당하고 있으면서도 그러한 사실을 인지조차 하지 못하기 때문이다.

디지털 도청 기술의 기본처럼 말하고 있는 주파수 호핑 방식(FHSS) 등의 고급 도청기를 굳이 사용하지 않더라도 쉽게 구할 수 있고 성능도 아주 양호한 기술이 넘쳐나고 있다.

바로 이동통신망이다. 스마트폰과 와이파이를 이용하는 도청 장치는 수도 없이 정말 많고 많다. 어렴풋이 알려진 도청 앱을 설치한다거나 스마트폰 회로의 일부를 빼내 소형 도청기로 만든 후 이동통신망으로 접속을 하게 하는 등의 기술이다.

현실이 이러한데도 디지털 도청은 정말로 아무 문제가 없는가?

우리나라 정부 기관, 지자체 등 관공서에서의 보안이 사실상 엉터리로 운용되는 것도 많이 보았다. 장비를 구매한다. 초기에는 관리한다. 담당이 곧 바뀐다. 끝. 이런 식이다.

지속 가능한 정책에는 이런 보안 장비 유지 보수건도 포함되어야 한다고 내가 말하는 이유이다.

위의 안타까운 사항들에 대해서는 꼭 이야기 해야 할 때가 올 것으로 기대하고 디지털 도청에 대한 나의 이야기를 오늘, 강력하게 전달하고자 한다.

향후 "AI(인공지능)를 탑재한 N세대 [자동도청 감시위치 추적시스템]" 개발을 나의 보안 인생 또 하나의 버킷 리스트로 남겨둘 것이다.

그리고 나는 앞으로도 '디지털 도청, 통신 보안은 디지털 기술로부터...'라는 문구를 새로운 통신 기술로 개벽을 할 때까지 가져갈 것이다.

2018년 8월, 남아프리카공화국 케이프 타운에서...

안 교 승

| 추천사

먼저, '대 도청'이라는 특수한 분야에서 오랫동안 쌓아온 내공으로 세 번째 책을 쓴 안교승 저자에게 격려와 축하의 말씀을 드립니다.

저자는 그동안 남북정상회담과 대통령탄핵재판 등 국가적으로 큰 행사는 물론 대기업의 보안활동에 활발하게 참여해왔습니다. 하지만, 최근 수년 동안 미국에서 TSCM 사업에 전념하느라 국내에서 활동이 다소 소홀한 점이 못내 아쉬웠는데, 다시 이렇게 창조적인 기회를 만들어 앞으로도 더욱 국내 통신보안산업에 크게 기여할 것으로 믿습니다. 이번 기회를 통해 '제2의 안교승 시대'로 재도약하시기 바랍니다.

저를 비롯한 국내 통신보안 관련인들은 이번에 새로운 개념을 도입한 도청 기술의 세대교체를 맞이하여 새롭게 출시되는 "365일 원격도청 감시장비", "녹음 방해장비" 등에도 관심이 많습니다.

명실공히 도청보안 1인자로서의 책임을 다해 주실 것을 거듭 부탁드립니다.

저는 특히, 향후 목표로 제안하신 AI(인공지능)를 탑재한 "N세대 자동도청 감시위치 추적시스템"의 출현에 성급하지만 크게 기대하고 있습니다.

안 박사님의 끊임없는 도전 정신에 다시 한번 박수를 보내며, 이 책이 앞으로 TSCM 분야에서 교과서로 활용되어 국내 통신보안에 크게 기여하기를 바랍니다.

전 옥 현
전) 국가정보원 제1차장, 청와대 NSC 정보관리실장,
한반도 평화체제 관련 4자 회담 정부대표, 주 홍콩 총영사, 주 유엔공사 역임

| 추천사

제가 1979년 기계어(Machine Language)란 이름도 생소한 프로그램을 배우며 ICT 분야에 근무해온 지 어느덧 40여 년이 흘렀습니다.

지금으로부터 20여 년 전, 청와대 정보통신심의관으로 재직중일 때에 청와대 도·감청방지를 위해 국내외 전문가를 만나던 시절, 안교승 박사를 만났습니다. 당시 탁월한 전문성을 바탕으로 우수한 장비들을 소개해 청와대 도·감청 예방에도 많은 도움을 받았음은 물론 기술적 전문성과 도청탐지에 대한 전문가로서의 기질에 깊은 인상을 받았습니다.

저자는 평생을 도·감청 예방을 위한 신기술 개발과 장비 제작에 심혈을 기울여 왔는데, 이번에 또 국내 도청탐지와 예방에 지침서가 될 소중한 책을 발간하게 된 것을 진심으로 축하 드립니다.

저는 KAIST에서 박사과정을 공부할 당시, 사이버 보안 및 도·감청 예방에 대해 특별한 관심을 갖고 연구하였습니다.

사이버 보안에는 'False Negative Error'라는 용어가 있습니다. 즉, 해킹을 당하고도 해킹을 당한 사실을 모르고 있다는 의미입니다. 이 책에 기록된 바와 같이 도청을 당하고도 정작 본인은 도청을 당한 사실조차 모르고 있는 것이 현실입니다.

"이 세상에 도청으로부터 안전지대란 없습니다." 즉, 전파가 통하는 공간에는 어떤 밀실이라도 도청의 위험에 노출되어 있습니다. 누군가 나를 노리고 도청하고 있다는 경각심을 갖고 대처해야 합니다.

디지털 도청이 은밀히 진행되는 이 시대에 살고 있는 우리들 각자는 우리가 알고 있는 만큼만 도청을 예방할 수 있습니다. 이 책을 통해 도청에 대한 전문성을 습득하고 도청의 위협으로부터 벗어나기를 간절히 바라는 마음에서 저는 이 책을 적극 추천합니다.

주 대 준
현) 국가사이버안전연합회 회장 전) 대통령경호실 차장, 청와대 정보통신처장, KAIST 부총장 역임

추천사

지난 10여 년 동안 세계 각국에 걸쳐 약 100여 회에 달하는 최신 보안 및 국방 관련 전시회 참관 등 글로벌 통신보안 산업의 동향을 직접 둘러보고 우리나라의 통신보안 산업발전에 도움을 주기 위해 늘 연구하고 고뇌하는 저자에게 지면을 빌려 진심으로 경의를 표합니다.

최근 매스컴을 통해 이미 알려진 바와 같이 스마트폰 앱, 와이파이, 서버 등 각종 통신수단과 장비를 이용한 도청과 도촬은 개인의 사생활 침해, 산업보안 유출 등 심각한 사회적 문제로 대두되고 있는 것이 현실입니다. 또 치열한 글로벌 기술경쟁 속에서 첨단기술을 노리는 국가급 스파이들의 활동은 점점 더 활발해지고 있습니다. 이것은 해외에 진출한 우리기업들이 더욱 강력한 통신보안활동을 해야 하는 이유이기도 합니다.

이러한 시기에 안 대표의 통신보안에 대한 끊임없는 연구와 적극적 활동은 모든 사람들이 안심하고 생활할 수 있는 든든한 버팀목이자 동 분야에 종사하는 한 사람으로서 자랑스럽게 생각합니다. 아울러 이 책과 함께 글로버티에쓰시엠그룹의 무궁한 발전을 기대합니다.

조 성 룡
전) 국군 제777부대 신호분석담당관
삼성그룹 산업보안담당 임원, 경기대학교 융합보안학과 교수 역임

Chapter 01

도청도 디지털시대!

Chapter 01_ 도청도 디지털시대!

더 큰 보안시장, 뉴욕으로 가다

한국에서 통신보안 사업은 할 만큼 했다고 다소 겸손하지 못한 생각을 하고 있을 즈음이었던 2008년 8월, 좀 더 큰 시장으로 가서 새로운 기술을 배워 보자는 작은 뜻을 품고 미국 뉴욕으로 건너갔다.

미국에서는 군용과 상업용을 망라하고 통신보안 기업들은 워싱턴DC의 펜타곤 인근 버지니아주, MIT 공대가 있는 매사추세츠주, 그리고 뉴욕주 등에 많이 위치해있다. 이 점은 뉴욕에서 사업을 시작한 나에게 상호 정보교환을 하는 등 지리적으로 많은 도움이 된 것도 사실이다.

당시 미국에 간 목적은 국내에서 생산한 제품을 미국 시장에 수출하고 새로운 제품을 발굴해서 수입하는 형태의 업무를 추진하기 위해서였다. 우선, 유명 보안 전시회부터 찾기로 했다. 가장 먼저 캘리포니아주 애너하임에서 개최된 ASIS 전시회를 시작으로 댈러스, 올랜도, 필라델피아, 애틀랜타, 뉴욕 등을 다녀 보았다. 각 지방별로 매년 진행된 이 전시회는 통신보안(TSCM : Technical Surveillance Countermeasures) 분야가 적어서 불과 4~5개의 회사만이 출품하고 있었다. 그럼에도 매회 신제품이 출품되기에 참관하지 않을 수 없었다. 그와 함께 미국 최대의 보안 쇼라고 하는 라스베이거스 ISC-WEST 전시회에 직접 출품하게 되었다. 당시 우리가 생산한 도청 및 녹음 방해 장비와 동유럽에서 생산한 무선 탐지기 판매 대리권을 가지고 출품했는데, 미국 시장에서 성장 가능성을 조금이나마 확인하게 된 절호의 기회였다.

또한, 워싱턴에서 개최되는 미국 정부기관 납품 전시회(GOVSEC)를 비롯하여 영국, 프랑스, 독일 등에서 개최되는 보안 박람회에도 직접 출품하였다. 전시회라는 것이, 사실 한번 참가한다고 해서 단번에 본전을 뽑는 것이 아니라, "그 회사 아직까지 건재하군"이라는 소리와 잠재 바이어들의 데이터베이스를 확보하는 것이 주 목적인 만큼 단기간에 성과를 보기는 어려웠다. 어쨌든 미국에서 사업을 진행하는 동안 북미와 유럽, 중동, 아시아권 등 약 100회 정도의 보안 전시회를 부지런히 찾아 다녔다. 그러다 보니 그만큼 지불한 수업료도 컸다. 지금 글을 쓰겠다며 들어와 있는 남아프리카공화국도 사실 아프리카 대륙에서는 제법 보안시장이 구축되어 있고, 수준 또한 상당히 높다. 통신보안과 관련한 우리의 몇몇 고객들이 있는 곳이기도 하다.

이외에도 워싱턴 DC 소재 "국제산업스파이대응협회"에서는 매년 9월에 통신보안 관련 유명한 컨퍼런스가 개최되는데, 2017년에는 세미나 강연자로 직접 참가해서 "365일원격관제도청 감시장비"를 각국의 보안 전문가에게 발표해서 호평 받기도 했다. 그간 전 세계 회원사들이 참가하는 이곳에서 각국의 보안시장 수준을 알 수 있었던 것도 커다란 수확이었다.

그런가 하면 캐나다 토론토에서 매년 4월에 개최되는 CC컨퍼런스에서는 우리가 개발한 도청·녹음방지용 보안장비를 출품해서 이노베이션상을 수상하기도 했다.

[사진 1] 캐나다 토론토에서 개최되는 CC컨퍼런스에서는 우리가 직접 개발한 보안장비를 출품해서 이노베이션상을 수상했다.

지난 10년간 국내시장을 벗어나 해외시장을 개척하고 통신보안 관련 귀중한 정보들을 수집하면서 여러 노력을 기울인 결과, 큰 성과도 많이 있었다. 사업적으로 폭이 넓어졌을 뿐만 아니라 디지털 통신보안에 대해 자신 있게 이야기할 수 있을 만큼 많은 정보를 접하고 경험을 얻게 되었다. 그렇게 미국과 한국을 오가면서 사업을 하던 중 본격적인 디지털 도청 보안장비를 구상하게 되면서 '아, 이거라면 한국에서 꼭 필요한 장비'이겠구나 하는 느낌이 들었고, 또 이 기술이 다시 세대교체의 요구를 받을 즈음이면 적어도 통신기술이 뒤집혀지는 개벽 사태가 난 이후가 될 것이라는 확신이 들어서 부랴부랴 짐을 싸서 다시 한국 시장으로 돌아오게 되었다.

Chapter 01_ 도청도 디지털시대!

제2의 탐정교실을 홍콩에서 기획하다

지금부터 22년 전, 필자는 국내 최초로 도청기를 탐지하고 제거하는 통신보안 전문가를 양성하는 '탐정교실' 과정을 개설한 바가 있다. 이 강좌에는 대기업에서 보안업무에 종사하는 사람들과 신규 창업을 희망하는 사람 등 40여 명이 참가했다.

그 후 2015~2017년까지 3년간, 새로운 실무교육 프로그램 '디지털 도청 및 통신보안 전문 강좌'를 홍콩에 개설하기 위해 준비했다. 국내에서는 도청기를 실험만 하더라도 전파법이나 통신비밀 보호법에 저촉되기 때문에 이 법의 통제를 받지 않는 홍콩에서 개최하게 되었다. 물론 홍콩의 파트너인 G사로부터 각종 첨단 디지털 도청 장비들을 지원 받는 형식으로 추진해서 계획했던 것으로 훌륭한 프로그램을 구성할 수 있었지만, 이 또한 그냥 희망 사항으로 끝나고 말았다. 그 이유는 막상 해외까지 가서 직접 교육에 참가하기가 쉽지 않았기 때문이다.

[그림 1] 디지털 도청 및 통신보안(TSCM) 전문강좌 개설 안내

2018 디지털 도청 및 통신보안(TSCM) 전문강좌 개설

대한민국에서 쉽게 접할 수 없는 놀라운 고급 정보.
특히, 전 세계의 최근 '디지털 도청기'에 관한 추세 및 동향도 소개합니다.

일시 : 2018년 ○월 ○일 실시 예정(예약마감 : 2018년 ○월 ○일)
모집 대상 : 정보수사, 군기관, 정부기관, 정부투자기관, 지방자치단체, 대기업 보안팀 등
(각 기관별 단독 진행 가능, 참가자 사전적격 심사, 개인 참가불허)
* 참가자 특전 : 향후 1년 이내 신기술 정보 획득시 관련 자료를 연 2회 보완하여 드립니다.
* 당해 교과과정 이수 Certificate(Super Advanced TSCM Class) 발급

교육내용

· 해외 정보기관에서 사용하는 디지털 도청기(각각의 변조방식별 다양한 자료 분석)
· 한국에서 디지털 도청기들의 사용, 존재 가능성은? 100%?, 50%? 또는 0%?
· 기존의 아날로그 도청탐지 장비가 디지털 기기를 당하지 못하는 이유는?
· NLJD도 탐지하지 못하는 최신의 디지털 도청기, 마이크로 레코더들은?
· 탐지/방지 기법 및 장비 시연 등

주요 도청 장비류

· 디지털(FHSS 등) 음성 송신기, +GPS, 리피터(차량 내부의 음성 및 위치 추적)
· AES256 암호화 디지털 변조, 상들리에 전등(디지털 스프레드) 등
· 디지털 영상 레코더 및 ISM 밴드 송신기(COFDM)
· SIM 카드 이용 음성, 비디오 3G/4G LTE 링크
· Wi-Fi 대역 디지털 변조 음성 또는 영상 도청·촬 기기
· Wi-Fi 대역 미니 디지털 녹음기 & Forward
· 가공할만한 성능! 마이크 Array 시스템
· 멀티채널 인터넷망용 유선 마이크로폰
· 옵티컬, 방수용, 콘크리트(밀착형), 바늘형, 연질관 마이크로폰 등
· 레이저 마이크로폰(도청기) 5개 모델 이상-멀티, 이중유리 빌딩, 차량 실내대화 도청 가능
· 이동통신망(CDMA) 인터셉터, 오토바이, 차량 등
· 스파이폰의 실제
· Wi-Fi 인터셉터, Sniffer Wi-Fi 캡처
· 3G IMSI/IME 캡처(안드로이드 기반 모니터링)
· 2 in One, SDR 등 마이크로 녹음기(외관 및 주요 기능 인터넷 등 공개불가 제품)
· 유선 전화 및 유선 마이크로폰 도청기(~10km)
· 캐리어 도청 기술
· FAX 복조용 소프트웨어
· GPS Tracking System
· 전대역 이동통신 Jammer
· Satellite Monitoring System
· 저소음 Drill, Fiberscope Surveillance Kit
· 기타 도청 기술 등

주요 TSCM 장비류

· 주파수 호핑, 버스트 등 디지털 도청기기의 탐지기법, 장비 소개
· 3G, 4G, Wi-Fi 도청·촬 기기들의 탐지기법
· 멀티 시뮬레이터 : RF 마이크, 하드웨어, 캐리어, 옵티컬, 울트라소닉 등(TEMPEST)
· 완벽한 녹음, 녹취, 도청 방지용 구수회의 시스템
· 해외 Encrypted 스마트폰 동향
· 울트라소닉 녹음방해 장치
· 365일 상시 감지장치(3G/4G LTE 등 휴대폰, 아날로그·디지털 변조방식 계열), 탐지 이벤트시 도청기 위치 추적 기능 포함
· 정보기관용 (몰래) 카메라 탐지(500~1000m) 장비 소개
· Thorough Wall 디텍터, 하향 카메라, 포터블 검사 시스템
· Drones Jammer
· 가장 쉬울 것 같지만 탐지는 가장 어려운 유선 마이크로폰의 탐지기법 소개

2018년에는 실제 도청기들을 제외하고 해외에서 수집한 장비의 규격 등 사실상 국내에서는 쉽게 접할 수 없는 수준의 프로그램을 서울에서 개설하였다. 하지만 몇몇 기관과 일부 대기업에서만 문의를 받는 정도로 끝나고 말았다. 개인적으로는 우리 회사의 경제적 수익을 위한 것이라기보다는 고객 입장에서 디지털 도청에 대한 흐름을 읽어낼 수 있는 기회를 놓친 것 같아 매우 안타까웠다. 늦었지만, 앞으로도 이러한 프로그램을 진정으로 원하는 기관이나 기업체가 있다면 디지털 도청에 관한 한 언제든지 반갑게 맞이할 것이다.

Chapter 01_ 도청도 디지털시대!

도청도 디지털시대!

디지털 전송 방식에서는 신호를 보내는 송신측과 받는 수신측의 일정한 코드가 맞아야만 복조가 가능하다. 즉, 주파수만 맞으면 누구나 청취할 수 있던 아날로그 방식과는 달리 디지털 통신에서는 그렇게 할 수가 없다.

그러나, 디지털 방식이라고 해서 모든 신호를 청취하지 못하는 것은 물론 아니다. 예를 들어, 우리가 청취할 수 있는 디지털 신호는 가장 가까이에 이동통신망이 있다. 그 다음으로 미국 A사의 ○○P, 일본 B사의 ○○C, C사의 ○○D, 그리고 중국 등 많은 기업들이 ○○R 통신 장비들을 앞다투어 출시하고 있다. 우리는 한국에서 김씨가 휴대용 디지털 무전기로 3G, 4G LTE망을 이용해서 태평양 건너 미국의 토마스씨와도 서로 교신을 할 수 있는 시대에 살고 있다. 이 모든 디지털 통신방식은 서로 같은 기종의 장비들끼리, 그것도 코드를 맞춰야만 복조가 가능하다. 물론 최근에는 미국의 H사에서 별도의 모듈을 개발하여 하나의 장비로 위의 전 모드별로 조건부 복조가 가능하도록 설계한 제품도 출시되고 있다. 이러한 방식들은 각 메이커별로 프로토콜을 공개하거나 표준을 정하여 안전하고 품질 좋은 디지털 통신을 가능하게 한다는 점에서부터 시작되었다.

물론 우리가 관심 있는 도청기류는 당연히 예외가 될 수밖에 없다. 도청을 하려는 누군가가 상대방에 노출되지 않게 하려는 것은 너무나도 당연하기 때문이다. 그러므로 도청을 위한 신호를 중간에 가로채서 듣는다는 것은 사실상 불가능하다고 볼 수 있다. 기본적으로 디지털 방식인데다가 각 메이커별로 AES 128, 256(Advanced Encryption Standard : 미국의 연방 표준 알고리즘) 등 암호코드로 다시 바꾸었기 때문이다. 그러므로 디지털 도청기 코드는 수없이 많으며 그들 중에 특정한 1식의 모델 외에 서로 간의 대화 내용을 복조(도청)할 수 있는 기술은 지금까지는 분명히 없다고 봐야 한다.

현재까지 가장 위협적인 디지털 도·감청 장비는 누가 뭐라 해도 이동통신망에 의한 것이다. 수많은 디지털 도청기의 출현에도 불구하고 누구나 사용하는 스마트폰은 최고의 도청기로 둔갑할 수 있는 장비 중의 장비이기 때문이다. 특히 이 디지털 주파수 대역은 일반적인 아날로그 도청 감시용 관제 장비로는 특정의 주파수 구분을 할 수가 없고 결국 탐지가 안 된다는 것이다. 그러므로 도청을 하고 있다는 사실이 현장에서 적발될 확률도 현저히 떨어지고, 전송되는 통화 품질 또한 매우 우수하다. 또한 전국(전 세계) 어디서나 수신할 수 있기 때문에 도청하기 위한 시간적, 공간적 제약도 없다.

'휴대폰 주파수 대역 내에 디지털 도청기가 숨겨져 있다?'

850MHz, 1800MHz, 2100MHz 등 국내 이동통신 주파수 대역 내에 숨겨져 있는 최첨단 기술의 디지털 변조방식 도청기도 출시되고 있다. 앞서 이야기한 바와 같이 스마트폰을 도청에 이용하는 것이 아니라 전문 도청 장치의 사용 주파수대를 이동통신망 대역에 넣었다는 것이다.

이 경우, 주로 주파수 호핑(한 주파수에서 다른 주파수로 랜덤하게 점핑하는) 방식을 사용하는데 이것은 주파수 카운터로도 측정이 쉽지 않고 무엇보다 이동통신망 주파수와 구분하기가 정말 어렵다는 것이다. 다른 주파수에 비해 감추기 용이하기 때문에 휴대폰 주파수 대역에서 도청을 하기에는 훌륭한 장치이다. 이제 곧 5G 이동통신망도 상용화 되겠지만, 그와 동시에 5G 도청기도 조만간 출시될 것이다. 이것이 바로 실력 있는, 전문적인 스파이가 사용하는 도청방식이다.

Chapter 01_ 도청도 디지털시대!

서울에는 비밀이 없다

최근 군 인권센터의 폭로에 따르면, 노무현 대통령 집권 당시 '윤○○ 국방부장관과 노 대통령 간의 군용 유선전화 통화내용이 국군** 사령부 감청담당 2** 부대에 의해 도청되었다는 사실이 드러나 충격을 주고 있다.

2017년에는 L사에서 임금 및 단체협약 교섭 중, 노동조합측에 도청장치를 설치했다가 발각되는 일이 발생했다. 그 외에 개인 사생활에 관한 아날로그 도청 사건이 일부 노출되었다.

이와 같이 불과 몇 건의 도청이 외부에 공개되기는 했지만, 공개되지 않은 도청 건수는 우리들의 상상을 초월한다. 그 이유는 앞의 서문에서 말한 바와 같이 도청 기술의 세대교체가 디지털 도청방식으로 바뀌었기 때문에 도청을 당하고 있으면서도 그러한 사실을 인지 하지도 못하기 때문이다. 그래서 요즘 우리 사회가 조용한 것이 아닐까?

지난 9월, 남북 정상회담 때 북한을 다녀 온 청와대 비서진들이 잇달아 휴대폰 번호를 교체한다고 한다. 방북기간 동안 북한측 통신망을 이용하였기 때문에 번호가 노출되었고 이에 따른 도청을 방지하기 위해서라고 한다. 지극히 당연한 조치이다. 국가 안보에 대한 우려 때문에 미국과 호주에 이어 일본은 세계 시장 점유율 1위와 4위 통신 장비 업체인 화웨이와 ZTE가 자국 내 5G(5세대 이동통신) 장비 입찰에 참여하지 못하도록 방침을 세운 것으로 전해졌다. 중국 정부가 중국산 통신 장비를 통해 자국 가입자들의 정보를 불법으로 수집할 가능성을 의심하는 것이다.

그렇다면, 서울의 비밀은 안전하게 지켜지고 있을까?

Chapter 01_ 도청도 디지털시대!

휴대폰의 감청과 해킹 논란

2015년 국정원은 이탈리아 기업으로부터 구입한 휴대폰 해킹 프로그램이 알려져 매우 곤혹스런 일을 겪은 적이 있다. 그러나, 해당 프로그램은 연구 및 대공용이며 일반 국민을 대상으로 해킹을 시도한 적은 없다고 했다.

이탈리아 기업의 해킹팀의 고객 명단에는 우리나라 외에도 미국, 독일, 러시아, 스위스를 포함해서 수단, 칠레, 헝가리, 체코, 사우디아라비아, 이집트, 이스라엘, 싱가포르 등 30여 개국 90여 곳의 정보·수사기관이 포함되어 있는 것으로 알려져 있다. 최근 중국의 스파이가 트럼프 미국 대통령이 사용하는 아이폰을 통해 도청을 해왔다는 뉴스가 보도되었다. 이 보도에 대해 중국은 그것은 가짜 뉴스이며 그토록 아이폰이 걱정되면 중국산 화웨이의 스마트폰을 사용하라고 한마디 하였다. 그것이 일침인지, 비웃음인지 아니면 선제적 방어용 멘트인지는 알 수 없지만 휴대폰 도청에 대한 논란은 계속 이어지고 있다. 트럼프 미 대통령이 전임자인 오바마 대통령

진영으로부터 도청당했다는 보도가 사실인지는 알 수 없지만, 미국이 독일에서 스파이 활동을 하면서 메르켈 독일 총리의 전화 통화내용을 도청했다는 것은 자국의 이익을 위해 시작 되었다고 봐야 할 것이다. 그뿐 아니라 미 국가안보국(NSA)이 한국, 프랑스, 이스라엘, 중국, 러시아 등 최소한 35개국의 대통령을 도청했다는 것을 전 미 첩보원을 인용해 CNN이 보도했다. 또 독일의 시사주간지 슈피겔에 따르면 NSA는 전 세계 122개국을 도청해왔다고 보도했다. 그러한 측면에서 우리도 그 같은 역량을 갖추어야 하지 않을까? 물론 지금도 활동하고 있을 수도 있겠지만, 국내에서 합법적인 휴대폰 감청도 하지 못한다는 데에 물음표가 있다는 것이다.

개인적인 견해로는 휴대폰에 대한 정보, 수사기관의 합법적인 감청은 보장되어야 한다고 생각한다. 만약, 인터폴에 의한 국제 수배범과 간첩이 한국에서는 휴대폰을 마음대로 쓸 수 있어서 안심하고 활개친다면 어떻게 검거할 것인가? 사실 통신 제한 조치만큼 확실하게 뒤를 쫓을 수 있고 증거를 확보할 수 있는 수사기법은 없다. 대공, 살인, 강도, 마약 등 강력 범죄가 있는 한 개인의 사생활 침해를 빌미로 수사기관의 발목을 잡아서는 안 된다. 개인의 사생활 침해와 국가기관에 의한 불법 감청(도청) 요소를 최소화하고 없애는 방향으로 강력하게 관련 법 개정이 이루어져야 한다.

Chapter 02

도청 기술의 세대교체!

Chapter 02_도청 기술의 세대교체!

디지털 도청 기술의 글로벌 동향

우리가 서로 대화를 하는 가운데 음성을 엿듣는 방법으로는 어떤 것이 있을까?

실제 도청의 방법으로는 매우 다양한 유형이 있다. 이번 장에서 소개하는 장비들의 기능과 성능을 알게 되면 여러분들은 아무리 강심장이라도 깜짝 놀라게 될 것이다. 따라서 중요한 대화를 나누거나 전화 통화를 하는 등 어떤 경우에도 결코 안심해서는 안 된다는 사실을 알게 될 것이다. 실제로 우리 주위에는 도청의 관점으로 보게 되면 의심스러운 물건들이 한두 개가 아니다.

전원 콘센트, 컴퓨터용 전원 케이블, 마우스, 키보드, USB 케이블, 휴대폰 충전용 어댑터, 볼펜, 신용카드, SD 카드, 휴대폰, 전등, 벽, 유리창 등등 이루 헤아릴 수가 없다.

그러면 이러한 것들에 대해 어떻게 도청 장치가 숨겨지고 얼마만큼 작동을 하는지 알아보기로 하자. 참고로 여기서는 심부름 센터 수준의 아날로그 도청기에 대해서는 언급하지 않겠다. 100% 디지털 도청기라고 생각하면 된다(그림 2~4).

 **[그림 2]** 디지털 도청 기술의 동향 : 음성 도청 기술

(1) 최근 도청 기술의 핵심 : 도청 인지나 보안 측정 과정에도 적발되지 않게 하는 것
- 원격으로 기능 스위치 조작(ON/OFF) 및 디지털 변조
- 사용 주파수를 높이거나 송신기 출력을 최소화하며, 인근 초소형 중계기 사용
- FHSS, DSSS의 직접 송신, 녹음 및 3G, 4G, LTE, Wi-Fi 등 스마트폰으로 연결 송신
- 스마트폰 주파수 대역에 위장한 SIM 카드형 도청기로 은폐
- 5세대급 기술 적용 또는 활용에 아날로그 스펙트럼 분석으로 탐지가 어렵고 은닉 최적화

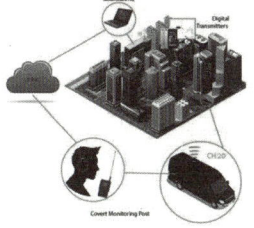

(2) 대책
- 상시 도청 감시 장비를 디지털, 아날로그 신호탐지 기능으로 업그레이드
- 주요 보안구역에 대한 정밀 보안 측정을 정기 또는 비정기적으로 실시

 **[그림 3]** 디지털 도청 기술의 동향 : 영상 도청 기술

(1) 영상 도촬(몰카)기술은 소형, 디지털화로 다양화되어 은폐 기술 발전
- 카메라 크기 초소형화 : 단추 구멍, 작은 나사못 머리 부분에 렌즈 탑재
- 현장 녹화(저장) 및 3G, 4G, LTE, Wi-Fi 등 스마트폰으로 연결 송신 전달

* 초소형 마이크가 내장되면서 이전에는 주로 사생활 침해 사례로 많이 사용되었지만, 최근에는 기업체 등을 대상으로 산업정보 수집에 이용 빈도가 높아지고 있는 실정임

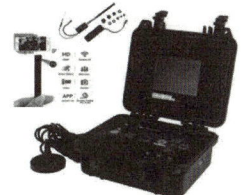

(2) 대책
- 상시 도청 감시 장비를 디지털, 아날로그 신호탐지 기능으로 업그레이드
- 5.8GHz 대역은 정기적 보안 측정에 반드시 포함해야 함

[그림 4] 디지털 도청 기술의 동향 : 레이저 도청 기술

(1) 외부에서 레이저 빔을 쏘아 유리창의 진동을 되돌아오는 빔에 실어 엿듣는 방식으로 내부 침입이 필요없고 상대방의 인지가 어려워 필요시 수시 활용

· 기존에는 고정 설치 및 빔 각도 조절 등으로 비교적 복잡했지만 성능 향상으로 별도의 설치 작업이 불필요하고 사용 방법도 간단한 쌍안경형으로 발전

(2) 대책
· 레이저 도청 대비 음성 분석이 불가능하도록 이중난수 잡음을 유리창 면에 방사
· 실내 대화 음성 분석이 어렵도록 마스킹음을 발생처리 (방어 수단)

Chapter 02_도청 기술의 세대교체!

도청 기술의 활발한 세대교체

지금까지는 3G(세대) 도청기가 '398MHz 미니 아날로그형 FM 도청기'라면, 4G는 초기의 디지털 변조 방식으로 FSK(Frequency Shift Keying) 등 주파수 스펙트럼으로 감지 가능한 도청 장치라고 말할 수 있다.

5G는 스마트폰, 와이파이 등을 사용하거나 전문가급의 디지털 도청 장치로 FHSS(Frequency-Hopping Spread Spectrum) 등 주파수 스펙트럼으로도 감지하기 매우 어려운 기술을 채용한 것으로 나누어 볼 수 있다. 그런데 전문가급 도청 장치도 큰 문제이지만, 우리 주위에서 누구나 쉽게 접할 수 있는 스마트폰, 와이파이 도청 장치가 범람하고 있다는 것에 더 큰 문제의 심각성이 있다. 즉, 갑자기 불어 닥친 5세대급 도청 기술이 우리 곁에 너무도 쉽게, 빨리 찾아온 것이다. 인터넷에서 검색해보면 스마트폰에 도청 앱을 설치하거나 스마트폰 주파수 대역 내에 숨겨 사용할 수 있도록 SIM 카드를 꽂아 쓸 수 있게 만들어진 마우스, AC 전원 어댑터, USB 코드 등 일일이 열거할

수 없을 정도로 매우 많다. 가격 또한 불과 몇만 원이면 구입할 수 있을 정도로 매우 저렴하다. 문제는 이 같은 종류의 도청 장치를 감지하거나 찾아내기가 정말 어렵다는 것이다. 어디를 가나, 무엇을 보나 모두가 디지털, 디지털이다. 도청 기술에도 세대교체가 급속하게 이루어지고 있음을 누구나 쉽게 실감할 수 있다. 따라서 하루빨리 아날로그형 도청에 대한 고정 관념에서 벗어나 도청탐지에도 새로운 기술을 도입해야 한다(그림 5).

[그림 5] 세대별 도청 기술의 진화 과정

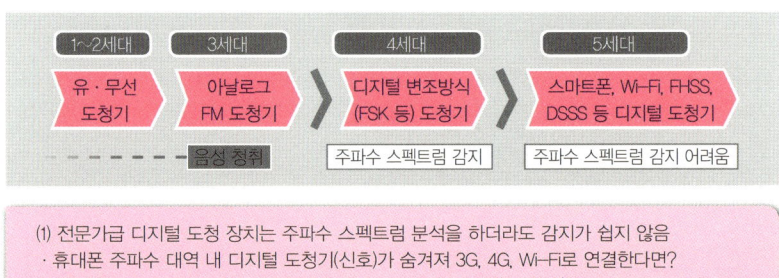

여기서 3, 4, 5G급이란 도청 기술의 세대(Generation)을 뜻하며, 이동통신망의 2, 3, 4G LTE 등과는 다른 의미이다. 최근 도청 기술의 핵심은 상대방이 도청의 공격 여부를 인지하지 못하게 하고 아울러 보안측정 과정에서도 적발되지 않도록 하는 것이 주요 관건이다.

즉, 원격으로 기능 스위치를 조작하는 것은 기본이며, 디지털 변조와 사용 주파수 대역을 높이거나 송신기 출력을 최소화하여 인근에서 마이크로 중계기를 사용하는 추세로 발전하고 있다. 또한 디지털 도청기에서 FHSS(Frequency Hopping Spread Spectrum), DSSS(Direct Sequence Spread Spectrum) 의 직접 송신은 물론 녹음 및 3G, 4G, LTE Wi-Fi 등의 스마트폰으로 포워딩하는 수준에도 올라와 있다.

Chapter 02_도청 기술의 세대교체!

먼저, 유선 마이크로폰 도청기

도청기의 원조로는 단연 마이크로폰을 들 수 있다. 원시적인 도청 방법이라고 생각되는 이 유선형 마이크로폰들은 오늘도 각국의 치열한 정보수집전에서 그 역할을 톡톡히 해내고 있다.

영국 E사의 모델 F는 음성 데이터의 빠른 응답을 위해 설계된 것으로 운영자는 모니터링 및 기록이 필요한 예기치 않은 상황에도 손쉽게 처리할 수 있다. 아울러 배경의 소음 감소 기능은 깨끗한 오디오를 제공하며, 초소형 고감도 마이크와 200m 길이의 소형 동축 케이블로 즉시 사용하기가 쉽다. 유선 마이크 시스템으로 RF(Radio Frequency) 탐지기에 의한 반응은 전혀 없다. 즉, 무선 방식의 탐지 장비로는 찾을 수 없다는 것이다. 약 550 시간의 음성 저장 용량이 내장된 이 장비는 감시 전문가에게 매우 이상적인 도구로 사용되고 있다(그림 6).

[그림 6] 유선 마이크로폰 도청기의 개념도

사실 이러한 마이크들은 건물을 신축하거나 인테리어를 시공할 때 잠입해서 심어 놓게 되면 그 다음 인테리어 공사할 때까지(?) 안전하게 도청 업무를 수행할 수 있게 된다. 유선 마이크로폰이 설치되었을 때는 마이크만을 탐지해낼 수 있는 장비가 있다. 그러나 국내에서는 거의 사용되지 않는 것으로 알려져 있다. 그 외에 탐지할 수 있는 방법은 없다. 한편, 광케이블을 이용한 유선 마이크로폰의 경우, 현재는 최장 10Km까지 음성을 전달할 수 있다.

Chapter 02_도청 기술의 세대교체!

또 다른, 유심카드로 도청

도청 기능이 포함된 컴퓨터용 전원 케이블, 마우스, 키보드, USB 케이블, 휴대폰 충전용 어댑터 등은 각각의 내부에 SIM 카드가 은밀하게 내장되어 있다.

중요한 점은 인근에서 도청하는 것이 아니라 이동통신망을 이용해서 전국, 전 세계에서 안전하게 도청 할 수 있다는 것이다. 이러한 장치들은 기본적으로 SIM 카드가 전화번호를 가지고 있기 때문에 도청기를 설치한 누군가는 해당 번호로 전화를 걸어 ○○○○를 누르고 전원 스위치 ON/OFF, 볼륨 조정 등의 원격 작동을 하게 하는가 하면, 역으로 해당 구역에서 사람의 목소리를 감지하면 미리 입력된 번호로 자동 다이얼링을 해서 내부의 대화 내용을 엿듣게 하는 것이다. 도청 가능한 통달거리가 몇 백 미터까지 가능할 것인가는 아날로그 시대와는 전혀 다른 새로운 이야기가 된다(사진 2).

[사진 2] 유심카드를 내장한 도청기

이러한 제품들은 동유럽, 중국 등의 회사에서 많이 출시하고 있다. 문제는 이동통신망을 이용한 도청을 탐지하기가 정말 어려울 뿐만 아니라 자신도 모르게 도청이 이루어지고 있으며, 이 도청이 어디서 시작되었는지 알 수 없다는 점이다.

Chapter 02_도청 기술의 세대교체!

신용카드가 아니다

도청에서 빼놓을 수 없는 것은 녹음을 위한 공격이다. 이 제품은 마이크로 녹음기로서 스파이와 함께 정보·첩보활동 및 수사기관, 기자, 변호사 업무 등에 사용하도록 개발되었다.

신용카드 형태로 다른 카드와 함께 지갑에 넣고 보안구역 또는 약속장소에 출입을 하더라도(입실 전에 모든 전자기기를 내려놓고 들어가더라도) 전혀 의심을 받지 않고 입장할 수 있다. 그리고, 약 50여 시간 동안 '안전녹취 100%'라는 목적을 달성할 수 있다. 옵션을 추가하게 되면 녹음뿐 아니라 디지털 무선 송신도 동시에 이루어지기 때문에 건물 외부에서도 실시간 청취, 녹음이 가능하다.

접촉식 전원 스위치로서 ON/OFF는 카드 뒷면의 마그네틱 부분을 좌, 또는 우측으로 밀어내면 작동된다. 녹음기가 켜져 있는 경우, 마이크로 LED가 표시되도록 설정할 수도 있고 그렇지 않게 할 수도 있다. 또 직경 0.301mm의 극초소형 마이크를 채용했기 때문에 마이크 위치조차도 찾기가 어렵다. 아울러 사전 예약 기능을 이용하면 현장에서 녹음기를 전혀 조작할 필요 없이 녹음이 이루어지게 된다. 인근에서 조작할 필요가 있을 경우에는 리모컨을 이용할 수도 있다(사진 3).

[사진 3] 신용카드형 도청기

일반적으로 시계, 보이스 펜 등과 같이 다른 소지품에 은폐되어 있는 시중의 제품들과는 차원이 다르다. 먼저 고도의 전략적 기능과 뛰어난 성능은 물론, 만일 작업을 수행하던 중 제품이 발각되어 압수를 당하거나 분실하는 경우에도 이미 녹음된 데이터가 공개되는 일은 절대 발생하지 않는다. 전용 애플리케이션과 함께 패스워드를 사용하고, 만일 강제로 작동시키게 되면 녹음된 파일은 자동으로 삭제된다. 유럽의 A사나 아일랜드의 J사 등이 개발한 제품은 신용카드 또는 호텔 객실의 키 등과 같이 고객이 원하는 형태로도 주문 제작이 가능하다. 이 외에도 연필이나 SD 카드 등 위장된 제품들도 다수 출시되고 있다.

Chapter 02_도청 기술의 세대교체!

스마트폰 전원을 끄고 들어오라?

요즘, 사람들은 녹음에 대해 매우 민감하고 많은 우려를 하고 있다. 사실 녹음으로 인해 세상이 뒤집어질 만한 사건, 사고들이 하루가 멀다 하고 마구 터져 나오는 아슬아슬한 세상이다.

예를 들어, 어느 중요한 회의실에 입장하기 전에 보안요원들이 출입자들의 스마트폰 스위치를 끄고 입장시켰다고 하자. 그러면 과연 안전할까?

절대로 안전할 수가 없다. 프랑스의 S사는 안드로이드폰, 아이폰 등 별개의 기능을 가진 스마트폰들을 개발했다. 이 제품들은 전원 스위치를 끔과 동시에 다른 스위치(녹음용)가 켜지는, 이중으로 설계된 전화기들로, 결국 스위치를 켜고 끄는 것이 중요한 것이 아니기 때문에 기본적으로 출입구에 스마트폰을 맡겨두고 입장시킬 수밖에 없다(사진 4).

[사진 4] 스위치를 끔과 동시에 다른 스위치가 켜지는 휴대폰

상대방의 이같이 정교한 공격을 막기 위해서는 스위치 ON 전자장치 탐지 장비를 사용할 수 있다. 외형상으로 꺼져 있는 전화기더라도 이런 장비를 비켜가기는 쉽지 않기 때문이다. 그러면 혹자의 경우, 전화기를 2대 가지고 가서 한 대만 맡긴다면? 그럴 경우를 대비해서 입구에 또 다른 휴대폰이나 녹음기 검색대를 설치해서 운영할 수도 있다. 그야말로 물 샐 틈 없이 철저하게 보안에 대해 구상해야 할 때이다.

Chapter 02_도청 기술의 세대교체!

나는 전등입니다만, 믿지 마세요!

디지털 도청에 대해 아무리 이야기를 하더라도 '이건 좀 너무 심하다'라는 생각이 드는 것은 나 혼자만의 생각일까?

정부기관이나 대기업 모두 회의실에 천장이 있고 그 천장에 전등이 많게는 수십 개씩 달려있다. 그런데 천장 전등의 알 전구를 의심해 본 적은 없는가? 독일의 C사는 천장의 알 전구에 도청기를 심어서 판매에 나섰다. 디지털 스프레드 방식이다. 물론 도청 탐지나 검색할 경우에 찾기가 쉽지 않은 방식이다(사진 5).

[사진 5] 알 전구형 도청기

이 도청기는 회의실에 들어가서 전등을 켜지 않아도 기본적으로 50시간은 작동한다. 물론 다른 전등과 마찬가지로 전등을 켤 수도 있다. 송신 도달 거리는 200mW 출력으로 약 200m, 800mW 출력으로는 약 500m까지 전달된다. 전구 내부에 원격 제어가 가능한 도청 회로, 그리고 충전용 배터리까지 내장되어 있다. 그러나 이 제품은 회의 시작과 종료 시간과는 무관하게 전등이 켜지거나 아예 전등은 켜지 않고 대화할 때에 도청하게 된다. 고성능 마이크와 함께 무선 송신 회로를 갖춘 이 도청 장치 역시 리모컨으로 조작할 수 있다.

이쯤 되면 간담이 서늘해지지 않는가?

Chapter 02_도청 기술의 세대교체!

그냥 벽이 아닙니다

그렇다면 집무실이나 회의실, 임시로 사용하는 외부 사무실, 호텔 룸의 벽들은 안전할까?

위에서 언급한 곳들보다 더 치명적인 보안 유출 환경은 드물 것이다. 대개 각국의 대통령이나 외교사절단 순방, 대형 프로젝트 계약을 앞둔 대기업의 CEO와 임원 등이 묵는 호텔은 당일 사용하는 룸의 좌우측과 위아래 층을 한꺼번에 예약한다. 이유는 간단하다. 바늘형 마이크, 콘크리트형 집음 마이크 등에 의한 도청 공격에 대비하기 위해서이다. 바늘형 마이크는 직경이 매우 작은 콘크리트 팁을 이용해서 상대방 벽면의 직전까지 뚫을 수 있는데, 이때 바늘형 마이크를 내부에 밀어 넣어서 도청하는 방식이다(사진 6).

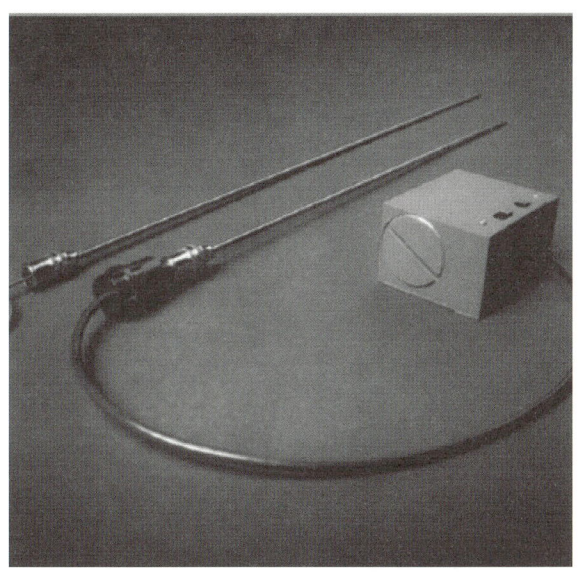

[사진 6] 바늘형 마이크로폰

프랑스의 S사에서는 초소형 바늘형 마이크를, 아일랜드의 A사는 각국의 정보기관이나 스파이들을 대상으로 빠르고 소음이 거의 없는 미니 드릴과, 아이패드를 이용하여 열쇠(자물통) 내부를 분석하는 공구와 프로그램 등의 특수 장비들을 판매하고 있다.

Chapter 02_도청 기술의 세대교체!

그렇다면 유리창을 볼까요?

영화에서 많이 소개되는 레이저 도청에 관한 이야기이다.

이미 알려진 바와 같이 도청의 타깃이 되는 유리창에 정조준하여 레이저 빔을 쏘아 타깃 유리창의 미세한 진동을 되돌아오는 빔에 실어 온 후, 가청 음성으로 복조하여 상대방의 대화 내용을 엿듣는 방식이다. 이 방식은 필요할 때마다 수시로 이루어지며 상대방의 빌딩 내부에 직접 잠입할 필요가 없을 뿐만 아니라 여러 가지 특성 때문에 피해를 당하는 측에서는 전혀 도청 사실을 인지할 수 없다.

지금까지는 삼각대와 카메라형 빔 송수신기를 설치하고 각도를 조절해야 하는 등 비교적 복잡했지만, 최근에 출시된 레이저 도청 장비의 경우, 차량에 설치하여 간단하게 이동식으로 도청을 할 수 있으며 빌딩의 이중 유리나 정차해 있는 차량까지도 도청이 가능하다.

[사진 7] 레이저 도청 장비(차량 내부와 외부)

간혹 독자 중에서 '레이저 도청이 정말 가능할까?' 하고 의문을 제기할 수도 있고, 또 실제 고객으로부터 이와 유사한 질문을 많이 받는다.

그간 유럽의 국방보안전시회나 대테러전시회 등에 참가해보면 레이저 도청 장비도 많이 발전하고 있다는 것을 실감할 수 있다. 우선, 도청 장비 제조 기업도 미국이나 스위스 등 몇몇 국가에서 최근에는 호주와 동유럽, 중국 기업까지 등장할 만큼 다변화, 다양화되고 있다. 이들 기업들의 설명에 따르면 도청 가능한 거리는 대개 약 300~1000m까지 된다고 한다. 그런데 현장감 있는 데모를 요청하였더니 스위스 S사의 경우는 데모 비용으로 모델별로 $10,000~20,000를 지불해야 한다고 요구했다. 비용을 지불한 후에 구매를 하게 되면 앞서 지불한 데모 비용을 공제해주겠다고 하니, 구경이나 한번 해보고자 했던 사람들은 할말이 없을 지경이다.

Chapter

03

전문 도청기, 모두가 작품!

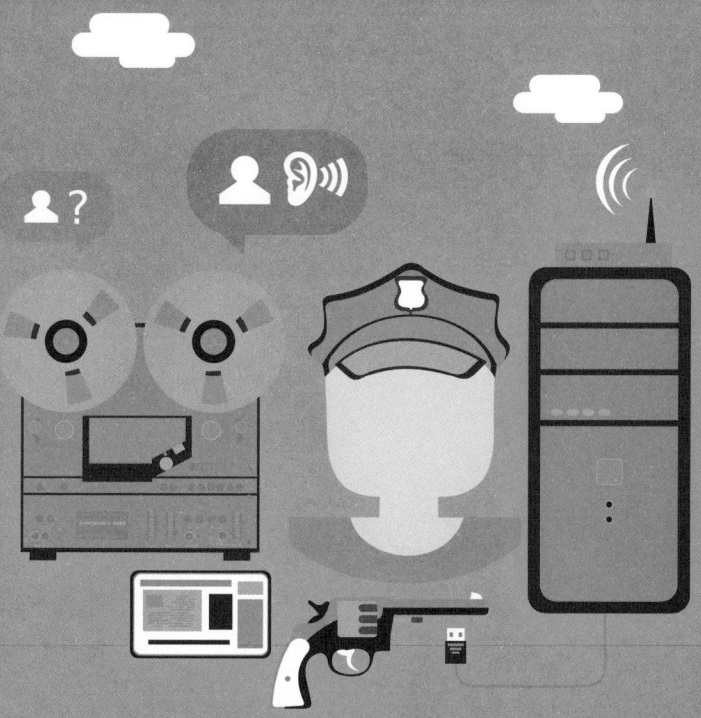

Chapter 03_전문 도청기, 모두가 작품!

알고 보면 입이 얼어붙는(?) 집음용 마이크 시스템

옛날에 도청용으로도 사용되었던(원래는 사냥꾼들이 사용하던) 집음 마이크가 세대를 거치면서 디지털 방식으로 재탄생한 흥미진진한 장비이다.

독일의 E사 제품인 2000 모델은 1세트에 66개의 마이크가 내장되어 있고, 컨트롤할 수 있는 노트북과 프로그램이 함께 제공된다. 주요 기능으로는 오디오 Zooming이 있어서 대중들이 많이 모여 있는 장소에서도 특정인의 대화를 청취할 수 있다. 내장된 비디오 카메라는 타깃의 영상을 저장하며 ON-Screen View 기능도 제공한다. 다중 마이크는 타깃 방향에서 오는 음성의 명료도를 크게 높여주고, 타깃 방향을 벗어난 음성은 억제한다. 이 방식의 공간 해상도는 기존의 녹음장치를 음원과 근접해서 배치할 수 없는 경우, 소리가 나지 않는 상태에서 오디오를 감시하거나 녹음할 때에도 이상적이다(사진 8).

[사진 8] 집음용 마이크 시스템

한 마디로 말하면 음향 소스 위치 파악용 장비로서 시위 군중 등이 모여 있는 경우에는 한 사람씩 타깃을 바꾸어 가며 그들이 대화하는 내용까지도 도·감청할 수 있는 장비이다. 물론 녹음도 되고 녹화도 된다. 수집한 모든 정보는 Wi-Fi로 전송할 수 있다. 서로 다른 알고리즘을 사용하면 극도로 복잡한 가상 극 패턴이 있는 가상 마이크를 만들 수 있으며, 가상 마이크 패턴의 개별 로브(Lobes : 방향성 그래프의 통과 대역. 주된 통과 대역을 주(主) 로브라 하고 작은 통과 대역들은 소(小) 로브라고 한다. 탄성파의 방향성이나 무선 안테나의 형태로 사용된다)를 조향하거나 특정 사운드 소스를 거부할 수도 있다. 또 약 50m 정도의 거리 내에서 활동이 가능한데, 길을 걷다가 주변 사람들이 나누는 이야기(모르는 사람들이라기보다는 이해 관계가 있는 사람이겠지만)를 아주 자연스럽게 녹음할 수 있도록 구성된 장비도 제품으로 나와 있다. 기타 부속품으로는 마이크로 SD 128GB를 내장하였으며 패치 코드, 헤드폰 등으로 구성된다. 크기는 360*260*23cm 정도이며, 무게는 약 1.8Kg이다.

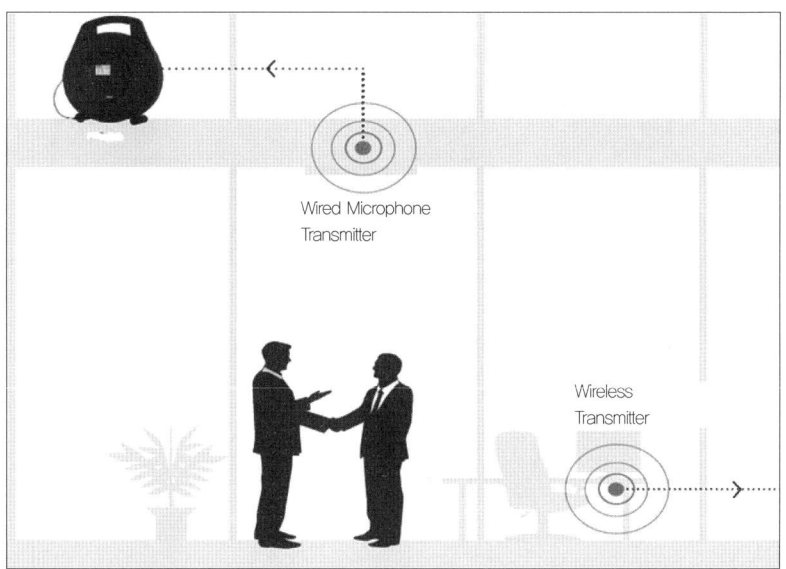

현재 전 세계에서 가장 큰 집음용 마이크는 네덜란드의 S사에서 개발한 무려 4,096개의 마이크로 구성된 제품이라고 한다.

사용자 입장에서 보면 정말 가슴이 뻥 뚫리는 장비가 아닐까?

Chapter 03_전문 도청기, 모두가 작품!

인터넷망을 이용한 음성 도청기

이태리 S사에서 발매하는 이 장비는 인터넷용 라우터와 비슷한 외관으로 그냥 실내에 적당히 두면 그 누구도 의심하지 않을 듯싶다.

앞뒤로 6개씩 마이크를 연결하고 종단에는 인터넷 연결을 위한 커넥터가 배치되어 있다. 그리고 AC용 전원 어댑터가 있다. 여기에 사용하는 마이크는 최대 100m까지 연결이 가능하다. 채널이 12개이므로 동시에 여러 방을 대상으로 도청과 녹음을 할 수 있다. 각각의 채널별 볼륨 설정과 필터링을 원격으로 조작할 수 있다. 이 방법 역시 인터넷망을 이용해서 전 세계 어디서든지 사실상 무제한 도청이 가능하고, 일반적인 도청탐지 기술로는 발각될 수 없는 고도의 도청 기법이다. 각국의 정보기관, 국제적으로 활동하는 산업스파이들이 아주 좋아할 타입의 장비이다.

Chapter 03_전문 도청기, 모두가 작품!

요즘 핫하게 인기 있는 도청기

최근에 국내 모 처에서 수십 대 구매를 타진하였던 디지털 도청 장치이다.

독일의 T사에서 개발한 이 제품은 디지털 스프레드 스펙트럼과 패킷 기술로 설계된 것으로, RF 탐지기로 발견하기 어렵도록 하기 위해 버스트 기능까지 일부 갖춘 프로형 제품군에 속한다. 리모컨형 자동차 키에 감춰진 800MHz 대역의 주파수 호핑 방식 송신기 10대와 담뱃갑보다 약간 작은 크기의 수신기는 16개 채널을 동시에 수신할 수 있고 내장된 SDHC 카드에 녹음도 가능하다. 도심에서의 도달 거리는 약 400m 정도까지 이르며, 배터리 사용시간은 지속적으로 송신할 때 35시간, 대기 시간은 700시간 정도에 달한다.

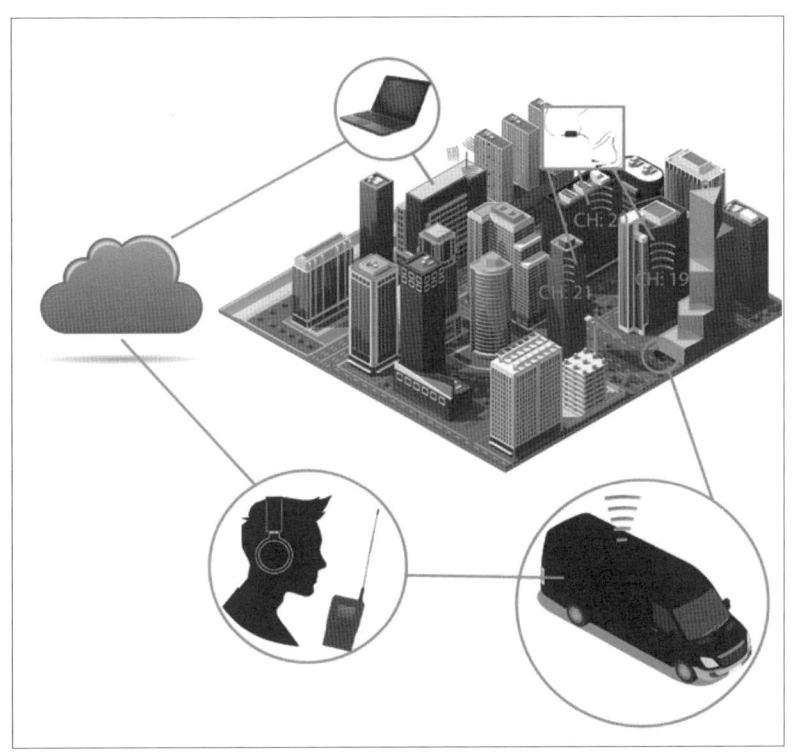

휴대하기 쉬운 소형 수신기와 작은 안테나 덕분에 도청 공격 근거지 인근의 승용차에서도 얼마든지 정보 수집 활동을 할 수 있다. 작년 11월, 유럽에서 개최된 모 전시회에서 데모를 해보았는데 수신기에서 들려오는 부드러운 음질은 FM 방송과는 비교할 수 없을 정도의 수준으로 매우 만족스러웠다.

Chapter 03_전문 도청기, 모두가 작품!

각국의 스파이들이 즐겨 사용하는 녹음기

전자상가에서 많이 팔리는 시계나 만년필 등의 녹음기와 스파이들이 사용하는 녹음기는 일단 차원이 다르다.

유럽의 L사에서 출시한 녹음기의 규격을 보면 이름은 녹음기가 분명한데 그것이 가지고 있는 기능들을 보면 입이 쩍 벌어진다. 녹음 방식은 ADPCM(Adaptive Differential Pulse Code Modulation)인데, 이것까지는 그렇다 치더라도 AES256으로 암호화가 되어 있다. AES256이란 어떤 것일까?

앞서 잠깐 언급하였지만, AES는 1997년 미국 표준기술연구소(NIST)에서 암호 공모전을 개최해서 채택된 것으로 이후 약 5년간의 공개, 비공개 안전성 평가를 거쳐 2001년 미 국가안보국(NSA)에 의해 1급 비밀(Top Secret)에 사용할 수 있도록 승인된 알고리즘 중 최초로 공개되어 있는 알고리즘이다. 이 AES 암호화로 스파이 활동 중 상대방에 적발되어 녹음기를 압수당하거나 분실해도 저장된 파일은 비 인가자에게 절대로 공개될 수 없다.

언제, 어느 때에 녹음장치를 작동시킬 것인지를 미리 입력해두면 스케줄링 녹음도 할 수 있고(그러므로 해당 장소에서 녹음기를 작동시키기 위해 주위를 두리번거릴 필요가 없다) 리모컨으로 조작할 수도 있다. 마이크로 SD 카드를 이용하면 128GB까지 저장할 수 있다.

녹음기 중에 또 하나, 이 녹음기(크기가 34*20*9mm인 작은 모듈)은 AES256 등 앞에서 설명한 것과 같지만 Wi-Fi 송신기를 탑재하였다(사진 9).

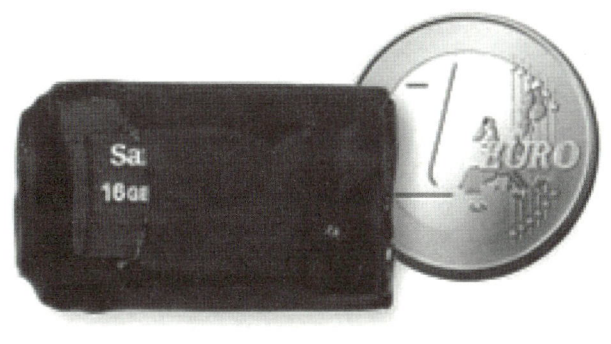

[사진 9] 전문가급 녹음기

모든 파일은 고속 Wi-Fi 모듈을 통해 업로드되며 1시간 분량의 오디오 파일을 불과 14초 만에 처리한다. Wi-Fi의 도달 거리는 50~150m에 달한다. 인근 차량에서 Wi-Fi를 운영할 수 있으므로 굳이 타 건물의 내부 Wi-Fi를 쓰지 않아도 된다. 필요한 경우, 3G 이동통신망을 통해 다운로드도 가능하며, 내장된 마이크는 물론 외부의 마이크도 사용할 수 있도록 별도의 잭을 두어 도청의 활용성을 더욱 높일 수 있다. 이 외에도 깜짝 놀랄 디지털 도청기, 녹음기들이 정말 많이 있다.

이 정도라면 여러분은 만족할까?

Chapter 03_전문 도청기, 모두가 작품!

듣고 싶은 음성만 쏙 집어내는 음성 추출 시스템

영화에서나 볼 수 있는 꽤나 흥미로운 장비가 또 있다. GTG-4라는 음성 추출 시스템인데, 이것은 사건 현장을 위한 최고의 음성 복구 툴이다.

이 장비는 완전 자동 또는 수동작동 모드로 구성되어 있으며 모든 오디오의 문제 해결에 필요한 유일한 도구로서, 말 그대로 듣고 싶은 음성만 쏙 집어 들을 수 있는 장치이다(사진10).

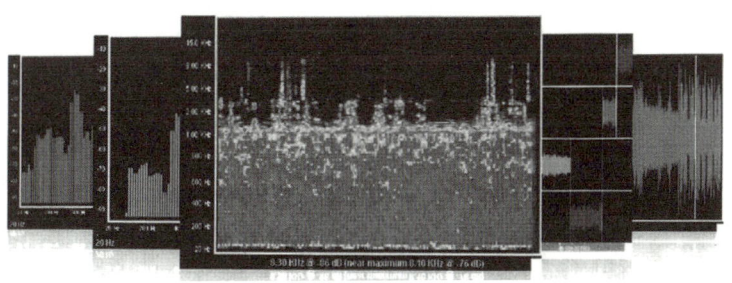

[사진 10] 음성 추출 시스템

법 집행기관이나 정보 수사기관용으로 설계된 이 시스템은 가장 포괄적이고 강력한 음성 추출 및 강화 툴 세트로서 Direct-to-Disk 디지털 레코더와 다양한 실시간 처리 모듈을 지원하는 셀로 구성되어 있기 때문에 목소리에 많은 잡음이 섞여 있더라도 다양한 노이즈와 실제 배경 소리에서 여러 목소리를 추출할 수 있다.

이 장비는 1995년 처음 출시된 이래, 소프트웨어 전용 솔루션으로 끊임없이 성장, 발전하고 있다. 풀 오토(Full Auto) 작동과 독점적인 적응 모듈(Proprietary Adaptive Module)의 도입 등과 같은 혁신을 거쳐 법의학적(Forensic) 음성 복구의 표준을 제시해오고 있다. 또한 자체 프로세싱 기능을 소스 오디오와 함께 작동하는 개별 모듈로 분리할 수 있는데, 이때 모듈은 대부분의 복구 솔루션처럼 시간 영역이 아닌 주파수 도메인에서 작동하기 때문에 오디오 파일이 전혀 손상되지 않는다.

Chapter 03_전문 도청기, 모두가 작품!

팩스 복조용 소프트웨어

과거에 비해 팩스를 사용하는 곳이 많이 줄어들기는 했지만, 그래도 보안이나 기타 사유로 인해 여전히 사용되고 있다. 그러나 유선 선로간에 이루어지는 팩시밀리의 통신 또한 완벽하지는 않다.

예전에도 팩스 내용을 중간에서 가로채는 장치는 있었다. 그러나 최근의 장비는 팩시밀리에 전용화, 디지털화되어 있어서 그 기능이 훨씬 앞서가고 있다(사진 11).

본론으로 들어가면, 팩스 통신의 프로토콜에 따른 오디오 녹음을 그래픽 문서로 변환해서 보거나 인쇄 또는 이메일을 통한 전송, 서류 정리 등을 할 수 있다. 다른 문서로의 팩스 가져오기 등과 함께 손상되거나 품질이 낮은 팩스를 읽을 수가 있는데, 이러한 작업은 일반적인 장비로는 불가능하다.

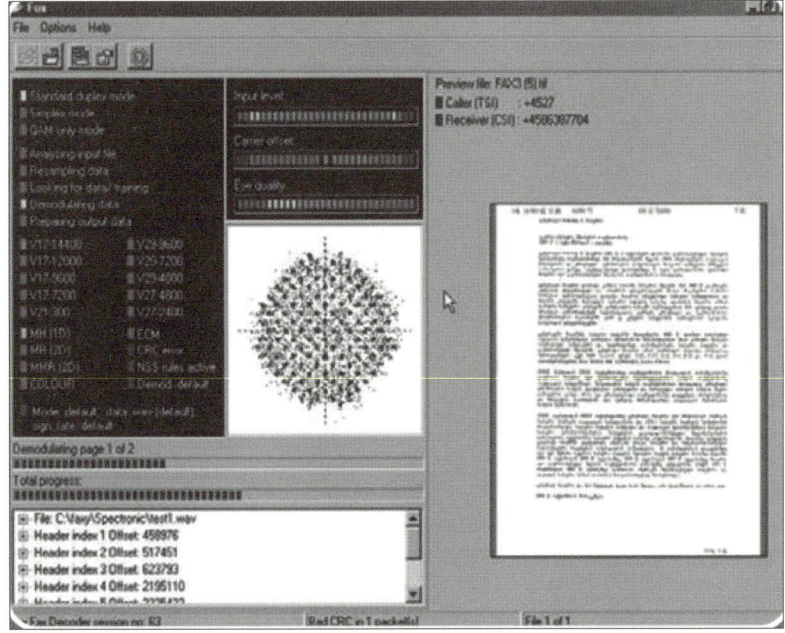

[사진 11] 팩스 복조 시스템

Chapter 03_전문 도청기, 모두가 작품!

스파이 폰(도청 앱)

5G급 도청 장치의 하나로 급부상하고, 도청 앱으로 불리는 스마트폰 해킹 프로그램의 내부를 자세히 들여다보면 '모골이 송연해진다'는 옛말이 절로 떠오른다.

이 프로그램과 관련해서 그동안 여러 차례 심층 보도가 되었지만, 아직까지 국내에서는 그리 심각하게 여겨지지 않는 분위기이다. 더 정확하게 말하자면 심각한 것은 알겠지만, '내 일은 아닐 거야'라고 여겨지는 듯하다. 이것은 원격 앱(App)으로 타깃 주변의 대화 도청과 위치 추적, SMS 등 모든 사항을 완벽하게 컨트롤 할 수 있는 매우 위협적인 앱이다(사진 12).

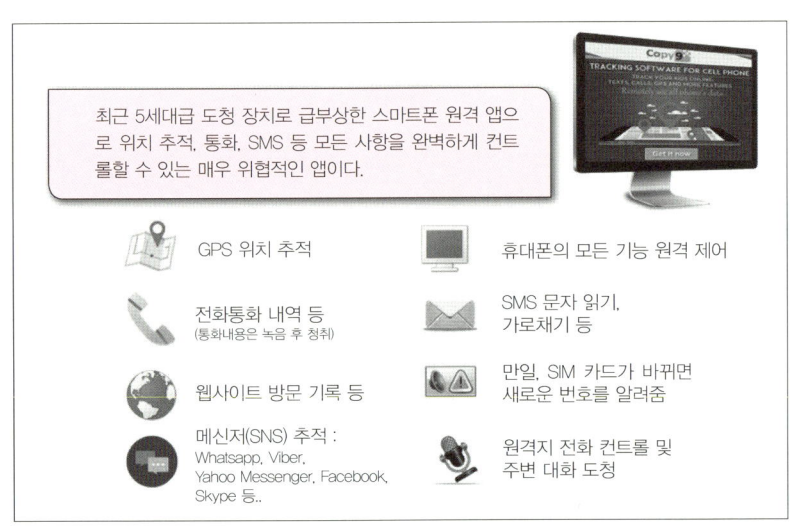

[사진 12] 스파이 폰(도청 앱)의 실체

이 스파이 앱은 잘 모르는 사람, 또는 아주 잘 아는 사람이라도 전화기를 빌려 달라고 하거나, 전화기를 놓고 잠시 자리를 비우는 경우, 짧은 시간에 직접 앱을 설치 하는 방법이 있고, "ㅇㅇㅇ사의 카페 시음권 드려요", "ㅇㅇ상품 이벤트에 당첨되었습니다" 등과 같이 대기업이나 유명회사를 사칭한 광고 문자를 발신하기도 한다. 이때 가입자가 별생각 없이 또는 실제로 문자 내용이 궁금해서 누르는 순간 앱은 자동으로 설치된다. 그러면 모든 것은 끝이다.

먼저, 언제 누구와 몇 분간 통화했는지 통화내역을 모두 볼 수 있다. 통화 녹음한 내용도 모두 다시 들어 볼 수 있다. 그리고 GPS 위치 추적을 통해 언제 어느 경로로 얼마간 이동했는지도 알 수 있다. 예를 들어, 자신의 위치가 노출될까 우려하여 GPS를 껐다고 하더라도 원격지에 있는 해커는 GPS를 다시 켤 수 있고, 웹 사이트 방문 기록 등을 파악할 수 있다. 문자, 카톡 등을 보내거나 받게 되면 그 내용을 모두 읽을 수 있다. 또 스마트폰에 있는 모든 기능을 원격 제어할 수 있고 녹음 앱도 조작할 수 있다.

만일 해커가 녹음을 원하면, 해킹 앱 설치자의 PC 또는 휴대폰을 통해 타깃 전화기의 녹음 기능을 실행할 수 있다. 또 필요할 때마다 원격조작을 통해 주변의 대화를 도청할 수도 있다. 한마디로 본인이 사용하는 전화기가 자신도 모르게 도청기로 둔갑하여 주변의 대화 내용이 흘러 들어간다는 무시무시한 이야기이다. 동영상 등을 몰래 보고 별도로 PC에 저장할 수도 있고 패스워드 탈취도 가능하다. 아울러 SIM 카드 교체 여부를 알 수도 있다. 그러므로 한 번 감염되면 전화번호를 바꾸어도 계속 추적할 수 있다. 이 모든 기능에는 매 건별로 실시간으로 수집된 정보를 이메일을 통해 알려 주는 것도 가능하다. 이것을 탐색 장비로 탐지해낼 가능성은 99% 불가능하다.

이쯤 되면 여러분의 전화기는 전화기가 아니라 이미 괴물이다. 정말로 위협적이지 아니한가?

Chapter 03_전문 도청기, 모두가 작품!

가짜 기지국 사건들

해외에서는 가짜 기지국으로 불법을 저지르는 사건이 끊이지 않고 있다. 가짜 기지국이란, 말 그대로 기지국과 같은 기계장치를 갖춰 놓고 주요 지점에서 광고용 문자 메시지를 보내거나, 다른 정보 수집 행위를 하는 것을 말한다.

가짜 기지국은 피싱과 스미싱 등 인터넷과 통신사기 범죄에 주로 이용되는데, 통신 질서를 크게 어지럽히는 악성 장치이다. 이것을 작동시키면 주변의 진짜 기지국에서 발사되는 전파보다 강력한 출력으로 신호가 방출되는데, 수백 미터 이내에 있는 스마트폰은 사람으로 말하자면 정신을 잃게 되는 것과 같게된다. 그뿐만 아니라 기지국으로 착각한 주변의 전화기들이 접속해오게 된다. 이때 IMSI(국제이동국 식별번호로서 전 세계의 전화기마다 다른 번호를 가지고 있음. 휴대폰의 설정에서 휴대전화 정보를 보면 표기되어 있음) 코드를 분석하여 메시지를 보내는 방식이다 (사진 13).

출처 : 봉황망 봉황커지

[사진 13] 가짜 기지국의 모습

벌써 몇 년 전의 일이다. 우연히 자료를 검토하다가 눈에 번뜩 뜨이는 것이 있었다. 바로 가짜 기지국이었다. 당시에도 특정 구역에 가서, 예를 들면 명동 거리에 나가서 가짜 기지국을 작동시키게 되면 주변에 있는 불특정 다수의 스마트폰을 향해 광고용으로 지정한 문자 메시지가 발송되는 것이다. "○○맛집 ○○개시!", "○○영화관 ○○개봉!". 그러므로 광고 효과도 대단할 듯했다. 물론 가격도 그렇게 놀랄 만큼 비싸지 않았다. 차량에 설치하여 다닐 수도 있고 백팩에 넣어 다닐 수도 있는 간단한 이동 기지국 수준이었다. 물론 이러한 장치를 사용하는 것은 당연히 불법이다. 우리는 우리도 모르게 세상에 많이 노출되어 있다는 사실을 기억해야 한다.

여기서 '실제로 휴대폰 도·감청이 가능할까?'라는 질문에 대해 궁금해하는 독자들의 이해를 돕기 위하여 한 가지 흥미로운 기사를 소개한다.

"○○의 ○○○ 등이 가짜 기지국을 통해 도·감청이 가능하다는 주장이 나왔다고 샘 모바일이 현지시간 12일 관련 내용을 전했다. 도쿄에서 개최된 Pwn2Own 컨퍼런스에서 다니엘 고마로미와 니코 골디가 직접 시연을 했는데,. ○○○ 기종에 사용된 베이스 밴드칩 '섀넌(Shannon)' 제품 군의 취약점을 이용했다고 한다."

이 내용이 공개될 경우, 파장을 우려하여 모든 정보를 공개하지는 않았지만 인위적으로 설정된 가짜 기지국을 이용하면 도·감청이 가능하다는 말이 된다. 이때 전화기 사용자는 자신의 전화기가 도청되고 있다는 사실을 인지할 수 없다. 이날 시연에는 최신 펌웨어가 적용된 ○○○가 사용되었다. 기타 자세한 사항은 내년 3월 다른 컨퍼런스에서 공개할 예정이라고 한다.

출처 : https://www.sammobile.com/2015/11/13/security-researchers-find-a-way-to-listen-in-on-calls-made-from-samsung-smartphones/

Chapter 03_전문 도청기, 모두가 작품!

스마트폰 감청 장비

얼마 전, 미국 보스턴에 위치한 스마트폰 감청 장비 제조 기업을 방문했다. 장비 구매를 상담하겠다며 찾아간 내게 신원을 확인한 후 현지 개인 정보보호법에 따라 조심스럽게 인근(본인들 소유) 휴대 전화의 도청이 이루어지는 상황을 직접 보여 주었다.

한 번은 파키스탄에 수출하려고 인도의 장비를 선정하여 진행했지만, 결국 두 나라의 대치 관계 때문에 거래까지는 이루어지지 못했다. 이때 소개 받은 스마트폰 감청 장비의 대략적인 내용은 다음과 같다.

『기본적으로 공급하는 8와트 BTS(기지국)로는 1~1.5Km 정도의 감청 범위를 가지며 40 와트 앰프와 14dBi 안테나 등을 옵션으로 사용하면 5Km까지 감청 범위를 확장할 수 있다. 4, 6, 12채널로 구성되며 4채널인 경우, 동시에 타깃을 4개까지 가질 수 있다는 것이다. 4, 6채널의 장비는 직접 개인이 휴대할 수 있다. 이 시스템은 강제 마이그레이션 기술을 사용하여 3G, 4G LTE에서 작동시켜 가로챈 다음, 강제로 2G 또는 2.5G로 이전시킬 수 있다. 스마트폰의 모니터링 시스템은 먼저 가상 기지국(BTS)을 생성하고 모바일 사용자가 소지한 타깃의 이동 전화에 대한 호출을 설정하는 방식으로 진행된다. 실제로 사용자는 전화벨을 울리지 않고 채널을 선택할 수 있다. 대상 전화로 페이징하기 위한 번호(고정 주파수)를 시도하고, 스마트폰 파인더에서 방향이 감지될 때까지 페이징을 유지한다. 이 시스템은 국내외 가입자를 대상으로 하며, Microsoft Windows 플랫폼을 기반으로 한다. 위치 정확도는 디지털 지도에서 약 30m이며, 통화내용 또는 SMS 데이터를 받기 위한 프로그램이 포함되어 있다. 엔지니어의 여행이나 호텔 및 현지 비용은 모두 구매자가 부담한다. 정부기관 명의로 된 2통의 서한이 필요하며, 훈련(이론, 실용 및 운영)은 그룹별 최대 5명까지 4일 동안 제공한다. 원격 보증 기간은 12개월이며 365일 24시간 즉각적인 지원을 한다』등과 같은 안내 사항이 뒤따랐다.

스마트폰의 감청 장비는 미국이나 이스라엘을 비롯하여 영국, 독일, 동유럽 등 여러 국가에서 기밀 프로젝트로 은밀히 판매하고 있다. 지난 2017년도에 장비를 출시한 유럽의 C사는 자신들은 2G, 2.5G로 강제 이전을 하지 않고 3G, 4G LTE에서 직접 감청이 가능하다는 내용을 필자에게 소개해주기도 했다.

CDMA 도·감청 시스템의 기본에 대해 소개하면,

다중채널 CDMA 도·감청 시스템은 작고 혁신적인 최첨단 장비이다(사진 14).

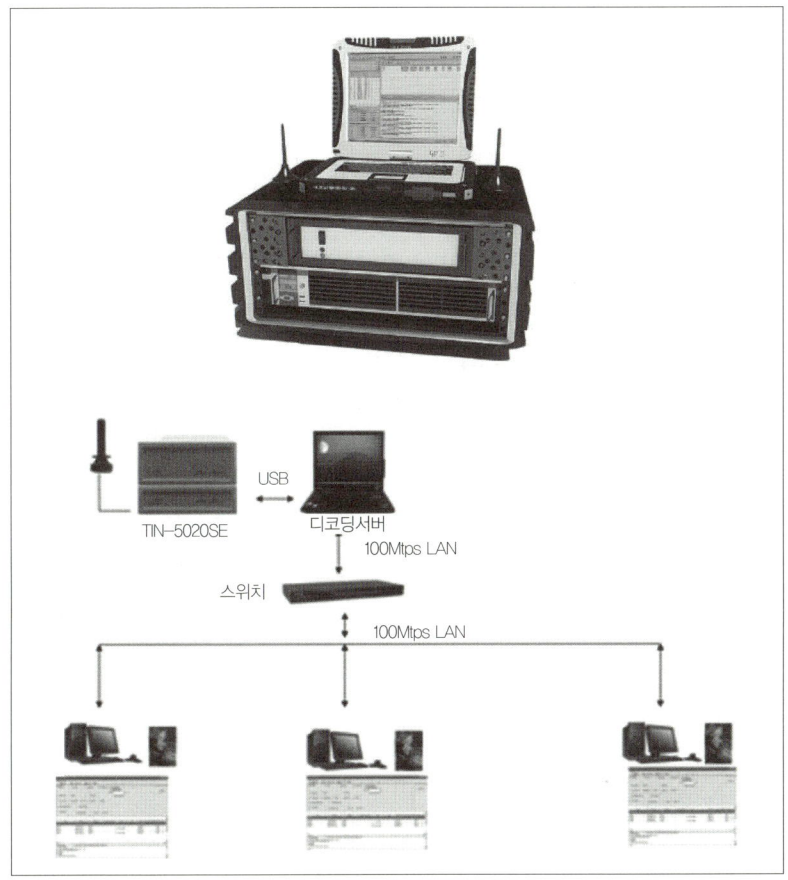

[사진 14] CDMA 감청 장비

이 시스템은 실시간으로 CDMA 통신을 모니터링하고 기록할 수도 있다. CDMA 도·감청 시스템은 동시에 모니터링되어야 하는 채널 수에 따라 다르게 구성해서 사용할 수도 있다. 연결된 모든 시스템은 중앙에서 구성 및 제어할 수 있으며, 수동적인 고급 기술 제품으로 인터셉트뿐만 아니라 채널, 그리고 트래픽 채널을 통해 양측의 대화를 제어할 수도 있다. 이 시스템은 IS-95-1, IS-95B, CDMA 2000-1X CDMA 네트워크를 지원한다.

주로 수신기와 소프트웨어로 구성되는 CDMA 도·감청 시스템은 CDMA 네트워크에서 인터셉트된 전자기 신호를 처리한다. 신호 처리 후에 해당 데이터는 케이블을 통해 연결된 노트북으로 전송된다. 노트북에서 실행되는 제어 소프트웨어는 다음과 같다.

[수신자 유닛의 제어와 녹음 및 호출 정보 저장, 선택된 통화의 재생]
이 시스템은 CDMA 서비스 지역에서 가장 강한 신호를 자동으로 감지하고 이에 대한 수신기를 튜닝한다. 수신기는 임의의 특정 라이브 채널에 수동으로 튜닝될 수도 있다. 이 시스템에는 CDMA 네트워크를 스캐닝한 후 특정 영역의 라이브 채널 목록을 가져올 수 있는 기능이 있다. 시스템은 또한 SMS(단문 메시지 서비스) 데이터를 캡처한다. CDMA 모니터링 시스템은 수동 시스템이며, 휴대 전화 네트워크에 어떤 신호도 전송하지 않는다.

제품의 주요 특징은 다음과 같다.
- 실시간 CDMA 네트워크 주파수 및 로직 채널을 자동으로 감지한다.
- 기지국 신호 레벨과 품질을 자동으로 측정한다.
- GUI의 표시기는 시스템의 현재 활동을 알려준다.
- 음성 통화 및 SMS의 온라인 통신을 도·감청한다.

- 제어 채널 정보를 캡처한 후에 저장한다.
- 녹음된 전화를 재생한다.
- 통화 중 전화 관련 정보를 표시한다.
- 베이스 스테이션에서 모바일로 또는 모바일에서 들어오는 수신 전화와 발신전화를 자동으로 검색한다.
- CDMA 네트워크에 등록하는 동안 대상의 ESN 번호를 캡처한 후 표시한다.
- 전화를 건 번호를 캡처한 후 표시한다.
- SMS를 모니터링 및 저장한다.
- 통화 시작 시간을 표시한다.
- 통화 시간을 표시한다.

Chapter 03_전문 도청기, 모두가 작품!

Wi-Fi 도·감청 시스템

다음 몇 가지 모델 X, Y, Z는 필자가 스마트폰 감청 장비를 상담(해외 사례임)하며 같이 소개 받은 제품들이다. 대테러, 강력사건 등 국가 안보와 사회 안녕을 위해서 어느 누구라도 합법적인 감시망을 피해 갈 수는 없다.

Wi-Fi 또한 우리 주변에서 가장 가까이, 가장 많이 사용하는 통신 방식의 하나이다.

유럽의 S사가 제공하는 바에 따르면 Wi-Fi 인터셉트 모델 X(사진 15)는 다음과 같은 기능을 가지고 있다. 2.4GHz와 5.8GHz 대역에서 작동하며 802.11 b/g/n 와이파이 프로토콜을 대상으로 한다. 이 장비는 옴니 디렉셔널 안테나를 사용하며 실내는 20~30m, 실외는 40~50m까지 커버하며, 저장용량은 기본적으로 1TB까지 가능하다. 한편 이 장비는 페이스북이나 트위터, 스카이프, 야후 챗, 비디오 스트리밍, 라이브 리크 등은 물론 G메일이나 야후메일 등도 가로챌 수 있다.

[사진 15] Wi-Fi 도·감청 장비

Wi-Fi 도·감청 시스템인 모델 X는 보안 및 비보안 무선 네트워크에서 가치있는 데이터 정보를 얻기 위한 전술적인 솔루션으로 초기 액세스부터 최종 분석까지 전체 차단 프로세스를 수행하는 End-to-End 솔루션을 제공한다. 이 장비는 여러 모듈로 구성되며 각 모듈은 차단 프로세스의 다른 측면을 다루며 다양한 알고리즘과 방법을 제공한다.

법 집행관과 보안요원이 Wi-Fi 패킷 수집·채팅은 물론 은밀한 모드에서 모든 802.11x 채널의 대화를 감청할 수 있도록 설계된 장비로서 15개의 무선 카드, GPS, 외장형 안테나 커넥터 1개를 가지고 있고, 호스트 스왑형 디스크를 지원한다. 14개 채널에서의 모든 데이터는 HDD에 동시에 저장된다. 데이터 캡처 후에 선택적 암호화 버스터, SW는 WFA 또는 PCAP 파일을 읽을 수 있는 다른 디코더를 사용해서 추가 분석을 위한 트래픽을 위해 캡슐화를 해제한다. 또한 어떠한 증거도 놓치지 않기 위해 캡처 필터를 적용하지 않고 모든 트래픽을 캡처한다. 하지만 패시브 Wi-Fi 차단 시스템은 필터 옵션을 사용하여 MAC 어드레스(BSSID 또는 스테이션 어드레스)을 기반으로 특정 액세스 포인트 또는 클라이언트의 트래픽만 수집할 수도 있다.

Wi-Fi 인터셉터 시스템의 기능은 다음과 같다.
- 실시간으로 네트워크를 지속적으로 스캐닝하고 시각화한다.
- 100% 스텔스 모드에서 동시에 802.11x의 14개 채널을 캡처한다.
- 우수한 탐지 범위를 위한 저잡음 증폭기(LNA)이다.
- 캡처된 데이터는 표준 PCAP 형식으로 저장된다(FPGA 가속화 포함 또는 제외한 상태에서 WEP, WPA, WPA2-PSK에 대한 키 복구).
- 여러 언어의 사전을 포함(사용자는 자신의 사전을 직접 업로드할 수 있음)하고 있다.
- Wi-Fi 헤더를 제거하여 패킷을 이더넷 패킷으로 캡슐화를 해제한다.
- 사용자 친화적인 GUI, Java 기반
- 각 캡처 파일에 대한 GPS 시간 및 위치 스탬핑
- 전면 패널에서 접근 가능한 현장 탈·착식 HDD
- SMA 인터페이스가 있는 통합 안테나
- Wi-Fi 차단 시스템은 섀시에 둘 이상의 FPGA 보드를 지원하고, FPGA는 WPA 암호 해독을 엄청나게 가속화한다.
- 캡처하는 동안 두 번째 레이어에서 상위 레이어로 고급 필터링한다.
- 제공되는 별도의 이더넷 포트(XML)로 원격 제어가 가능하다.

- 라디오 및 채널 구성은 설정 탭에서 설정할 수 있다.
- 기능 탭 : 모든 기능은 10개의 탭으로 그룹화된다.
- 주요 작업 공간 : 다른 탭에서 작업하기 위한 기본 창이다.
- 캡처 요약 : 캡처 설정에 대한 요약이다.
- 메시지 게시판 : 다른 사용자를 위한 메모이다.
- 시스템 설정 : 시간, 날짜, UTC 오프셋, GPS 좌표, 사용자, 세션 및 HDD 사용량의 시스템 설정을 표시한다.
- 스캔 및 캡처 : 기본 스캔 및 캡처를 제어한다.

Chapter 03_전문 도청기, 모두가 작품!

IP 도·감청 솔루션

모델 Y는 인터넷 서비스 제공 기업의 스위치에서 IP 데이터 트래픽을 도청할 수 있도록 설계되었다. 대부분의 IP 트래픽은 HTTPS/SSL로 암호화되어 있어 전통적인 기술과 시스템을 사용하여 도청할 수 없다.

KKK Communications는 HTTPS/SSL 트래픽 가로채기의 한계를 극복하기 위해 페이스북, 트위터, G 메일, 야후 메일 등의 HTTPS/SSL 사용 사이트에서 데이터를 도청하는 HTTPS 차단 모듈인 모델 Y를 개발했다(사진 16).

이 제품은 전자 메일, 탐색된 웹 페이지, 채팅 세션, 페이스북, 트위터, G 메일, 야후 메일, 스카이프(음성통화 로그) 및 CDR 세션을 모니터링할 수 있다. 또한 모델 Y는 자동 연결 및 대상과의 연관을 수행하는 CDR 분석 응용 프로그램도 갖추고 있고, ETSI 및 CALEA 인터페이스를 모두 지원하며 Alcatel Lucent, Juniper, Ericsson,

Cisco 등과 같이 유명한 제조기업의 스위치와 통합할 수 있다. KKK는 서비스 제공기업 측면에서 프로브, 중재장치 및 처리 서버를 포괄하고 LEA 측면에서 프로비저닝 시스템을 포괄하는 턴키 솔루션을 제공한다. KKK의 프로브, 조정장치 및 프로비저닝 시스템은 특정 국가의 법적 요구사항에 따라 차단을 구현하기 위해 서비스 제공기업의 스위치와 통합되도록 적절하게 사용자에 맞게 설정될 수 있다. 강력한 사용자 친화적인 GUI가 시스템과 통합되어 LEA의 운영자가 도청된 데이터에 대해 심층 분석할 수 있다.

[사진 16] IP 인터셉트 시스템

IP 인터셉트 시스템의 주요 기능으로는 다음과 같다.
· 소셜 미디어 모니터링에 사용 가능
· ETSI, CALEA와 같은 글로벌 표준을 준수하며 국가별 표준에 채택 가능
· HTTPS/SSL 트래픽의 도청 및 디코딩 지원 페이스북, 트위터, G 메일, 야후 메일 등과 같은 HTTPS/SSL 보안 사이트로부터의

트래픽을 처리하기 위해 HTTPS 차단 모듈과 통합 가능
- CDR과 함께 이메일, 브라우징된 웹 페이지, 채팅 세션, 페이스북, 트위터, G 메일, 야후 메일, VoIP 세션 제공 가능
- 통합 CDR 분석 응용 프로그램은 자동으로 대상의 연관성 제공
- 다양한 모바일 프로토콜을 포함한 180개 이상의 프로토콜 디코딩 인스턴트 메시지 : MSN 메신저, 야후 메신저, Gtalk, XMPP, 페이스북 메신저
- 이메일 : POP3, SMTP, Hot Mail, Gmail, Windows Live
- 소셜 네트워크 : Facebook, Plurk, Twitter, Youtube
- 다른 일반적인 프로토콜 : HTTP, Telnet, FTP
- 프로토콜 배포 분석
- 키워드, 시간, 프로토콜 등으로 고급 검색
- 아이덴티티 링크 및 통신 링크 분석

Chapter 03_전문 도청기, 모두가 작품!

소셜 미디어 도·감청, 사회적 프로파일링을 위하여...

지난 10 년간 인터넷과 소셜 미디어 산업에서 가장 큰 변화로 전 세계 소셜 미디어의 급속한 팽창을 들 수 있다.

Skype, Facebook, Twitter, WhatsApp 및 다른 유사한 애플리케이션은 공통 사용자가 상호 간에 의사 소통하고 자신의 생각과 감정을 표현할 수 있도록 전 세계에 커다란 힘을 불어 넣었다. 이러한 애플리케이션은 위치나 이메일 ID, 휴대폰 번호, IP 주소 그리고 다른 사용자에 대한 링크와 같은 개별 정보의 거대한 데이터베이스를 만들었다. 이 정보는 국가 보안 기관이 잠재적인 테러 리스트 및 기타 범죄집단을 식별 하는데 매우 중요하다. 소셜 미디어 모니터링은 이제 법률 및 질서와 국가 안보를 보장하기 위해 새로운 요구 사항이 되었다. 소셜 미디어 모니터링의 이러한 기능을 달성하기 위해 여러 요소가 결합되어야 하며, 필요한 결과를 얻기 위해서는 효과적으로 접목되어야 한다.

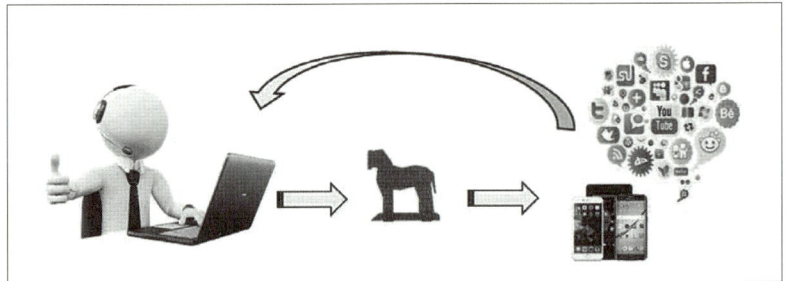

[사진 17] 소셜 미디어 모니터링 시스템

소셜 미디어 모니터링(SMM) 시스템 모델 Z(사진 17)은 잠재적인 테러리스트, 범죄자 및 반사회적 요소를 빨리 식별하기 위해 관련 활동의 사회적 프로파일링을 통해 용의자를 신속하게 식별할 수 있는 포괄적인 툴을 제공하며 세계 모든 국가의 법 집행기관이나 국가 안보기관을 위한 필수 정보인 관련 활동과 위치 등의 자세한 정보를 제공한다.

주요 기능으로는 다음과 같다.
- 활동에 대한 사회적 프로파일링을 통해 테러 리스트, 범죄자 및 반사회적인 요소 식별 가능
- 용의자와 그의 동료, 관계자들 활동 및 위치에 대해 상세한 정보 제공 가능
- 지속적인 시행을 위해 새로운 데이터를 모니터링하고 집계하는 기능 제공
- 실행 가능한 지능 제공
- 은밀하고 효과적으로 개인 및 그룹의 프로파일 활동 모니터링 가능

Chapter 03_전문 도청기, 모두가 작품!

패킷 감청과 헌법의 불합치

인터넷 회선(패킷) 감청에 대해 헌법재판소가 헌법 불합치 결정을 내렸다.

그동안 수사기관에 의해 무분별하게 이뤄지는 패킷 감청에 대해 헌법재판소가 헌법에 위반된다고 결정했다. 다만 법적 공백을 우려해 2020년 3월을 기한으로 법의 효력을 유지하도록 했다.

헌법재판소는 통신비밀보호법상 5조 2항 중 '인터넷회선을 통해 송수신하는 전기통신'에 관한 부분에 대해 6:3의 다수 의견으로 헌법 불합치 결정을 내렸다. 그러면서 2020년 3월 31일을 법개정 시한으로 결정했다. 통신비밀보호법 5조 2항은 통신제한조치와 관련해서 일정 요건을 갖춘 경우, 우편물이나 전기통신에 대해 범죄수사를 위해 통신제한조치를 허가할 수 있도록 하고 있다. 수사기관은 이를 근거로 패킷 감청을 실시하고 있다. 패킷은 인터넷 통신망에서 정보 전송을 위해 쪼개어진 단위의 전기신호로서, 수사기관은 통신영장을 통해 중간에서 이를 확보해 '감청'을 실시하게 된다.

헌법재판소측에 따르면 "패킷 감청은 해당 인터넷 회선을 통해 흐르는 불특정 다수의 모든 정보가 패킷 형태로 수집돼 일단 수사기관에 그대로 전송된다"면서 "다른 통신제한조치에 비해 감청 집행을 통해 수사기관이 취득하는 자료가 매우 방대하다"고 판단했다. 이어 "인터넷 회선 감청으로 수사기관은 타인 간 통신 및 개인의 내밀한 사생활의 영역에 해당하는 통신자료까지 취득할 수 있게 된다"며 "기본권 제한이 최소화될 수 있도록 입법 조치가 마련돼 있어야 한다"고 지적했다. 그러면서 "인터넷 회선 감청은 수사기관이 법원에서 원래 허가 받은 목적과 범위 내에서 자료를 이용·처리하고 있는지 등을 감독 내지 통제할 법적 장치가 강하게 요구된다"며 "현행 통신비밀보호법은 취득한 막대한 양의 자료 처리 절차에 대해 아무런 규정을 두고 있지 않다"고 밝혔다.

헌법재판소는 "집행 단계나 집행 이후에 수사기관의 권한 남용을 통제하고 관련 기본권 침해를 최소화하기 위한 제도적 조치가 제대로 마련돼 있지 않은 상태에서 범죄수사 목적을 이유로 인터넷 회선 감청을 통신제한조치 허가대상 중 하나로 정하고 있다"며 "침해의 최소성 요건을 충족한다고 할 수 없다"고 판단했다. 다만 "단순위헌 결정을 하면 수사기관의 인터넷 회선 감청의 법률적 근거가 사라져 범행의 실행 저지가 긴급히 요구되거나 중대 범죄 수사에 있어 법적 공백이 발생할 우려가 있다"며 헌법 불합치 결정 배경을 설명했다.

[자료 : 이데일리 한광범 기자]

Chapter
04

도청 감시 기술의 세대교체!

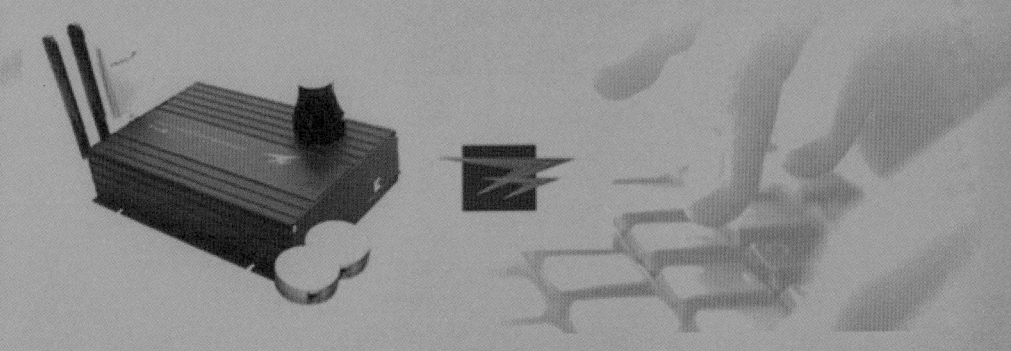

Chapter 04_도청 감시 기술의 세대교체!

은밀한 포착

'은밀한 포착'. 이 말은 내가 가장 좋아하는 구(句)다. 나의 직업이기도 한. 그래서 우리가 개발한 모든 제품의 모델은 모두 'The Stealth'로 시작된다. 요즘에 핫한 모델로는 단연 'The Stealth 365'이다. 이 제품은 모델명 만큼이나 은밀하게 포착하는 데 제격이다.

최근의 도청기들은 인터넷망 또는 3G, 4G LTE 등 이동통신망을 이용함으로써 시간과 공간에 제약이 없어졌다는 것이 가장 큰 무서운 변화이다. 물론 이 신호들을 감지, 탐지하는 것도 어려워졌다.
현실과 가상의 벽을 넘나드는 도청 기술의 세계적 발전 추세에 따라 4G(세대)를 넘어 5G급의 도청 기술에 의한 이동통신망 3G, 4G, LTE 등 스마트폰과 Wi-Fi, FHSS, DSSS 등 디지털 신호의 도청 공격에 대한 보다 적극적인 도청보안 대책이 요구되고 있다(사진 18).

[사진 18] 톤 버스트형 디지털 도청기

그러나 아직까지는 국내 대기업을 비롯한 정부부처 등에서는 대부분 해당 보안구역에 아날로그 신호 도청 감시 및 감지 장비를 운용하는, 아날로그 시대 차원의 보안관리를 계속하고 있다. 이와 같은 아날로그 차원의 대응은 앞에서 소개한 디지털 도청 기술과 장비를 탐지할 수 없다. 그러므로 우리나라도 하루빨리 디지털 도청 감시 기술의 도입이 이루어져야 한다. 특히, 도청신호 탐지는 반드시 어려운 스펙트럼 분석을 해야 한다는 고정관념을 깨고, 즉 해묵은 아날로그적 경험에서 벗어나 간단한 신호 포착 및 별도의 전용 스캐너를 이용하여 신호원을 탐지하는 신기술을 도입해서 어느 구역에 도청기가 숨겨져 있는지를 손쉽게 색출해낼 수 있어야 한다. 3G, 4G, Wi-Fi, FHSS, DSSS 등 디지털 신호에 대한 이러한 운용기법은 사용자의 보안관리 운용에 보다 향상된 서비스를 제공하게 될 것이다.

[중앙집중관제]

도청 관제용 스캐너를 각 VIP실이나 회의실, 연구소 등 보안구역에 설치하고 도청이 되고 있는지 여부를 365일 실시간 감시하는 데 목적이 있다. 보안 담당자는 관제 상황을 직접 보거나 이메일, SMS 등으로 항상 받아볼 수 있고 상황에 따라 해당 구역 사용 중지 및 2차적인 탐지, 제거 등으로 적극적인 대응을 한다.

[VIP를 위한 지원 : 독립관제]

필요할 경우, 독립적인 관제도 할 수 있어야 한다. 중앙관제 도중 VIP가 비서 또는 보안담당자를 배제하고 보안관리를 하고자 할 경우, 개인 PC의 USB포트에 보안장치를 꽂아서 간단하게 관제할 수도 있도록 지원이 가능해야 한다. 의외로 많은 VIP들이 찾는 보안 기능이다.

[자동차 내부의 도청기류 탐지, 제거]

중앙관제 도중에 장치를 분리해서 차량에 임시로 설치하는 경우, 차량 내부의 스마트폰이나 도청기 등과 같이 원하지 않는 장치가 있는지 여부를 판단할 수도 있어야 한다. 즉, 보안장치는 기본적으로 중앙집중관제를 할 수 있지만, VIP 개인의 상황에 따른 요구에도 적극적으로 대응할 수 있어야 한다.

20년 전 쯤의 일이다. 대통령 경호실에서 국정원 보안담당자에게 "요즘 어떤 종류의 장비가 많이 설치되고 있느냐?" 라고 질문하자, "우리도 신문에 나는 것 이상은 몰라요" 라고 한 적이 있었다.

이때 나는 보안업무에 있어서 상대방이 그 누구라도 구체적인 기술적 정보를 알려주지 않는다는 것에 대해 잠시 혼란스러운 적이 있었다.

그렇다, 좀 더 은밀하게...

Chapter 04_도청 감시 기술의 세대교체!

도청 감시 기술의 세대교체!

도청 기술의 세대교체에 이어 반드시 따라야 하는 것이 바로 도청 감시기술의 세대교체이다.

다시 한번 언급하자면, 3G(세대) 도청기가 지금까지 '398MHz의 미니 아날로그형 FM 도청기'였다면 4G는 초기의 디지털 변조 방식으로 FSK 등 주파수 스펙트럼으로 감지가 가능한 도청 장치를 말한다. 5G는 스마트폰, Wi-Fi 등을 사용하거나 전문가급의 디지털 도청 장치로 FHSS 등 주파수 스펙트럼으로도 감지가 매우 어려운 기술을 채용한 것으로 나누어 볼 수 있다. 이제는 3, 4, 5세대를 동시에 감시할 수 있는 체계로 들어서야 할 시점이다(사진 19).

[사진 19] FHSS 디지털 수신기와 도청기

고객과 상담을 하다 보면, 대부분의 기업체나 관공서의 담당자는 스마트폰, Wi-Fi 도청 가능성에 대해 매우 합리적인 의문을 제기한다. 그러나 소수의 보안 전문가를 제외하고는 "에이, 휴대폰을 어떻게 잡아낼 수 있어요?" 또는 "그건 와이파이잖아요"라고 답변하는 경우가 적지 않다. 그럴 때면 머쓱해진 담당자도 "아, 그래요? 이건 휴대폰이지... 음" 하고 머리를 긁고 넘어간다. 그리고는 곧바로 아날로그 도청기를 잡아내자며 장비를 작동시키고 스캔을 해가며 3세대쯤 되는 VHF, UHF FM 도청기에 타고 들어오는 목소리가 없을까? 하고 귀를 바짝 기울인다. 기가 막힐 일이다.

여기서 담당자가 머쓱해야 할 일이 아니다. 의문을 제기한 만큼 이해할 수 있는 답변을 들어야 한다. 설령, 엊그제 장비를 새로 설치했다 하더라도 스마트폰, Wi-Fi 보안이 되지 않는 장비라면 과감히

버릴 수 있어야 한다. 도청 기술의 세대가 교체되었다고 하지 않았는가? 이 책에서는 지금까지 디지털 도청 장비의 그 엄청난 기능을 간이 시릴 정도로 보아 왔다. '그래도 아까우니까 써야 한다?' 그렇지만, 막상 별로 쓸모가 없을 것이다.

솔직히 인정하자. 아날로그 장비로 스마트폰, Wi-Fi 신호를 구분해서 잡아낼 수 있을까? 단순히 주파수를 들여다 볼 수 있느냐, 없느냐가 아니라 명쾌하게 잡아낼 수 있느냐 말이다. 4~5천만 원짜리 ○○ 외산 장비(사진 20)로 바로 옆의 스마트폰 신호를 잡아낼 수 있을까?

[사진 20] 도청중계기

굳이 엄청난 프로젝트의 에셜론(Echelon : 세계에서 가장 큰 통신 도청 시스템 또는 네트워크로 전달되는 물리적 정보를 가로채는 기술)을 논하지 않더라도 도청할 방법은 얼마든지 있다. 미국 E사에서 디지털 도청 감시가 가능하다고 해서 3년을 끌고 왔는데 군사용 장비 수출규정 ITAR (International Traffic in Arms Regulations)과 연관시켜 결국 한국으로 수출을 못하게 되어 한 세월 시간만 허비한 적도 있었다. 수출이 가능하려면 주요 기능을 삭제해야 한다는 것인데 원래 무엇이 있었는지 그리고 무엇을 삭제해야 하는지도 알려주지 않았다. 그냥 그렇다는 것이다. 한번은 그 회사를 방문한 적이 있었다. 화장실을 들렀다 나오는데 문 앞에서 기다리던 직원이 나를 미팅룸으로 안내하는 것을 보고 내심 깜짝 놀랐다. 그렇게 크지 않은 회사였는데도 보안 의식은 대단했다는 기억이 생생하다. 아무튼 우리 회사와 판매 계약을 했는데도 불구하고 카탈로그를 전체가 아닌 선택적으로 보여 주거나, 주요 설명이 실린 제품들은 설명한 뒤 바로 카탈로그를 덮는 등 구체적 내용은 절대 공개하지 않았다. 이 정도의 고급 기술력이 담긴 제품들은 내부에서만 관리하기 때문에 그 회사의 사이트에서는 찾아볼 수가 없다. 다른 보안회사의 사이트에도 장비 이름만 언급되어 있거나 패스워드를 부여받은 고객사만 들어갈 수 있도록 되어 있다.

이러한 측면에서 미국과 유럽의 국가급 보안기술의 관리는 상당한 차이를 보였다. 예들 들어, 미국은 ITAR처럼 가능하면 감추려 하지만, 유럽은 거의 공개하는 것이 특징이다. 이것을 보고, "국가와 국가, 국가와 기업, 기업과 기업 간의 진정한 보안이란 어디까지일까? 그리고 어디까지가 이익일까?"라는 것을 깊이 생각해보게 되었다.

Chapter 04_도청 감시 기술의 세대교체!

디지털 스파이 vs. 아날로그 보안팀

'나는 스파이, 기는 문단속'에서 한발 더 나아가 '디지털 스파이, 아날로그 보안팀'으로 말이 바뀌었다. 말로만 그런게 아니라, 솔직히 디지털로 무장한 스파이가 우리 곁에서 암약하고 있는 동안, 그것을 알아내는 것은 결코 쉽지 않다.

디지털 도청 장비에 대해서는 디지털 보안을 수행할 수 있는 장비를 투입하여 분명하게 대응해야 할 것이고, 스마트폰의 해킹이 의심스러울 때에는 경찰청 사이버테러센터에서 제공하는 '폴-안티스파이 2.0' 프로그램이라도 가끔씩 돌려 봐야 한다. 나도 모르는 사이에 디지털 도청 장치로부터 도청을 당하고, 스파이 앱에 의한 주변 대화 도청, 누군가 나의 모든 일상을 꿰뚫고 감시당한다고 생각해 보라. 아찔하지 아니한가? 그리고, 내 책상 앞에 한가롭게 있는 키보드와 마우스, USB 케이블 등등. 어디까지가 창이고 어디까지가 방패인지조차 헷갈리는 것은 나 혼자만의 생각은 아닐 것이다(사진 21).

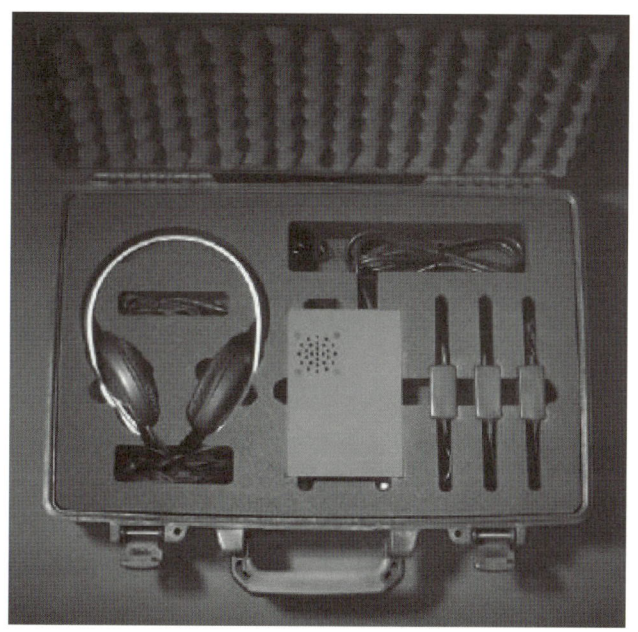

[사진 21] AC 라인 캐리어 도청기

아무튼 디지털 도청공격 앞에 아날로그 방식으로 대응할 수 있는 방법은 많지 않다. 아래 기사를 보면 머리 속에 칩이 심어져 나를 조종하고 있다는 말을 웃어 넘기기에는 세상이 너무나 변해 버렸다. 20여년 전, 보안 상담을 하겠다며 찾아왔던 고객을 정신병자로 치부했던, 앞서간 그 사람들을 생각할 때 그때의 나 자신이 솔직히 부끄럽다.

'4차 산업혁명이 인류를 신세계로 안내하고 있다'. 인공지능과 클라우드가 모든 산업의 근간을 뒤흔들고 5세대 통신이 현실과 가상현실(VR)의 경계를 무너뜨린다.

인간의 두뇌와 컴퓨터를 연결해 정보를 주고받는 기술도 진화를 거듭한다. 200억 개가 넘는 사물의 연결, 급속한 클라우드화, 일상화된 인공지능, 가상화폐와 가상현실의 보편화 등이 특징인 고도의 정보화 사회가 성큼 다가온 것이다.

뇌와 컴퓨터를 연결해 인간의 능력을 증강시키는 '뇌-기계 인터페이스(BMI · Brain Machine Interface)' 기술이 뜨고 있다. 올해 3월 미국 매사추세츠공대(MIT)가 발행하는 과학기술 전문지 '테크놀로지 리뷰(Technology Review)'는 세상을 바꿔놓을 10대 혁신기술 중 하나로 '마비 역전기술(Reversing Paralysis)'을 꼽았다. 마비 역전기술은 우회 신경기술로도 불린다. 신경이 손상된 마비 환자들을 위해 뇌에 칩을 이식해 척수를 거치지 않고 뇌의 신호를 손과 다리에 직접 전달하는 것으로 BMI 기술 중 하나이다.

BMI는 HMI(Human Machine Interfaces), MMI(Mind Machine Interface), BCI(Brain Computer Interface) 등으로도 불린다. ▲ 뇌 운동영역의 신경신호를 감지 해석하여 실시간 기계제어 명령으로 변환하는 기술 ▲ 뇌영역에 생체 내외의 정보를 입력시키는 기술 ▲ 뉴로피드백 기술(뇌파의 측정 · 분석을 통해 뇌파의 패턴이 건강하도록 스스로 조절하는 훈련 기술) 등이 BMI의 핵심 기술로 꼽힌다.

출처 : http://biz.chosun.com/site/data/html_dir/ 2017/07/30/2017073000881. html#csidx8f583d5381f450f808357866d8724d2

Chapter 04_도청 감시 기술의 세대교체!

5G(세대) 디지털 도청 365원격감시장비

모든 무선 도청의 대부분을 탐지해 낼 수 있는 장비, 'The Stealth 365'는 디지털 도청, 스마트폰, 와이파이에 대한 응답도가 매우 뛰어나다.

필자는 지금까지 디지털 도청, 디지털 보안에 대해서만 이야기해 왔다. 혹자는 왜 자신이 개발한 제품을 이 책에 소개하느냐고 할 수도 있는데, 문제는 디지털 도청을 감시하는 방법이 최소한 아직까지는 이것밖에 없기 때문이다. 1997년, 사업 초기에 필자는 무선도청 의혹 신호가 발생하면 알람을 울리게 했던 'RM-7', 무선신호에 더하여 레이저 도청을 방지하는 기능의 'RNG-3000', 이동용 도청 탐지 장비 '3000 SCOUT', 'Navigator PRO' 그리고 당시 PSTN 전화망을 이용한 최초의 중앙관제장비용 365일 상시 도청 감시장비 'R-5000', 스펙트럼 바를 분석하지 않아도 도청 신호 여부를 즉시 알 수 있는 'The Stealth AXVX', 'The Stealth DX'를 개발했다. 그리고 본격적인 스마트폰, 와이파이 등 디지털 시대에 걸맞는 'The

Stealth 365(사진 22)'는 우리 회사에서 8번째 개발한 도청 감시 장비이다.

[사진 22] 원격도청 감시장비(The Stealth 365)

이 장비는 디지털 신호를 포함하여 이동통신 대역을 활성화시켜 탐지하고, 무선 발신기의 위치 표시를 하는 등 몇 가지 키 포인트에 대해서 특허 출원을 했고, 여러모로 우리만의 독자 기술을 보호하기 위해 나름대로 큰 노력을 기울인 제품이다. 5세대 도청! 'The Stalth 365' 이다.

[도청도 이젠 5G(Generation) 시대]

여기서 5G는 이동통신 대역을 뜻하는 게 아니라 도청기의 세대 구분을 의미한 것이지만, '365원격도청감시장비'는 이동통신망에서 3.5GHz 대역의 5G 시대에도 여전히 유효하다. 이동통신에도 이제 곧 5G 시대가 도래하고 있다. 따라서 365원격도청감시장비도 이동통신 세대를 의미하는 5G를 되찾을 수 있게 해줄 것으로 기대된다. 모든 것이 디지털 방식으로 개발된 이 장비는 5G 업그레이드 또한 펌웨어 업데이트로 간단히 수정될 수 있기 때문이다.

[스마트폰 도청 앱, 와이파이를 이용한 도청, 몰카 등등 솔직히 찾아낼 수 있을까?]

디지털 도청 시대를 맞아 The Stealth 365는 다음과 같은 특징을 가지고 있다.
· 관제는 '어렵고 복잡한 스펙트럼 분석'이라는 낡은 고정관념 타파
· 관제화면에 나타나는 주파수가 어느 카테고리에서 탐지되었는지를 알려준다.
· 3G, 4G, Wi-Fi, FHSS, DSSS, FM, AM 등 대부분의 디지털, 아날로그 신호를 감지한다.
· 이벤트가 발생하면 도청기가 어느 구역에 숨겨져 있는지, 별도의 스캐너로 아주 간단히, 곧바로 색출해 낼 수 있다.

[휴대폰 주파수 대역 내에 디지털 도청기가 숨겨져 있다(?)]

'The Stealth 365'는 800MHz, 1700MHz, 2100MHz 등 전 세계 이동통신 주파수 대역 내에 숨겨져 있는 도청 앱이 설치된 것은 물론, 5G급 최첨단 기술의 디지털 변조방식 도청기도 아주 간단하게 잡아낼 수 있다. 최근의 도청 기술은 복조가 불가능한 디지털 방식, 그리고 다른 주파수 대에 비해 감추기가 용이한 휴대폰 주파수 대역에 숨겨져 있다. 물론, 다른 방법(장비)으로 이러한 도청 장치를 찾아내기는 정말 어렵다. 도청을 하려는 누군가가 상대방에게 적발되지

않고 도청을 수행하려는 당연한 이치이기도 하다. 이것이 바로 오늘날의 스파이가 사용하는 전문가급의 도청방식이다(사진 23).
· 관제 근무자에 대한 전문 교육 없이도 간단히 사용 가능
· 별도의 서버 없이 수백 대의 단말기와 PC 1대로 시스템 구성 완료
· 필요할 경우(미설치구역에 임시 사용 등) Wi-Fi로 연결하여도 사용 가능

[사진 23]　전문가급 음성, 영상 도·감청 키트

[도청 앱(스마트폰), SIM 카드 탑재 위장형 도청기, Wi-Fi 등에 의한 도청(영상 포함) 대응 방안]

'The Stealth 365'는 일반적인 스마트폰, 도청 앱(스마트폰), SIM 카드 등 이동통신망을 이용하는 5G(세대)급 새로운 도청 기술에 대응하여 회의, 협상 등과 같이 매우 중요할 때에 스마트폰 사용 금지구역에 설치한 후, 신호발신 유무를 감시한다. 이때 3G, 4G-LTE 등 해당 대역의 감시 여부와 수신감도 등을 현장의 전파 환경에 따라 각각 선택해서 사용할 수 있다.

아울러 원격 제어 도청 앱을 통해 누군가 도청을 하거나 SIM 카드가 탑재된 위장된 전원 어댑터, USB, 마우스 등이 작동하게 되면 해당 구역에 관제 알람이 울리게 된다. 그렇게 함으로써 상대방의 도청 공격 신호가 감지되면, 관제화면에서 가리키는 대략적인 발신기의 위치에서 별도의 감지기로 탐색하여 빠른 시간 내에 추적하고 제거한다. 이 같은 제반 동작의 컨트롤은 중앙관제실 또는 회의실에서 자체적으로도 운용이 가능하다.

또한, Wi-Fi 신호를 감시하고자 하는 경우에는 해당 구역의 2.4GHz, 5.8GHz의 대역을 선택하여 감시하게 되는데, 이때는 Wi-Fi 신호 여부뿐 아니라 데이터 전송량도 함께 체크할 수 있어 영상 전송 등이 이루어지는 것을 유추할 수 있다. 또 Mac Address, SSID 결과치를 가지고 자국 내의 신호 여부를 판단하고 모르는 신호인 경우에는 경보를 발한다(그림 7).

[그림 7] SSID 선별 감지 알람

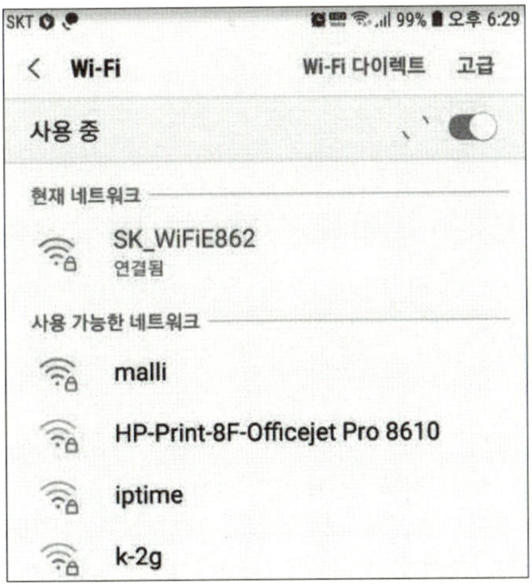

예를 들어, 카지노에서 카드, 칩 등을 은밀히 실시간으로 촬영하여 불법적으로 게임을 하는 것을 적발할 수도 있다. 즉, 장비에 감지되는 모든 신호가 도청에 의한 것이라고 할 수는 없지만 일단 의심 신호가 포착되면 해당 신호 발신지를 찾아내어 도청에 의한 것인지 위협 여부를 가려내어 가장 안전한 통신보안 환경에서 회의, 협상, 게임을 할 수 있도록 지원해준다.

이외에도 특정 보안구역 내에 장비를 설치하고, 365일 디지털, 아날로그 도청 신호를 감시할 수 있는 5G(세대)급 관제 전용 스캐너이다. 그리고 레이저나 콘크리트 마이크, 바늘형 마이크에 의한 도청 방지 기능도 함께 채용하여 외부나 옆방에서의 도청 가능성을 원천적으로 차단하고 있다. 또 중앙관제센터에 접수된 도청 의혹 주파수, 시간, 수신 감도, 수신 모드 등 모든 데이터는 자동 저장되며 관제 보고서 제출 시에는 그 내용을 함께 첨부할 수도 있다.

[5G(세대)급 관제화면]
관제화면(사진 24)에는 기본적으로 해당 구역의 평면도 또는 사진을 배치할 수도 있다. 1개 층, 또는 특정 구역에 3대 이상 운용할 경우, 이벤트가 발생하면 도청 위협 신호원의 위치를 실시간으로 표시하고, 관제 이벤트의 특정 의혹 주파수를 선택하여 해당 건을 별도의 수신기로 탐지하므로써 주위의 다른 주파수나 노이즈 등에 의한 혼선 없이 간단하게 도청기를 색출, 제거할 수 있다. 사진 25는 본 장비의 운용 구성도를 나타낸 것이고, 표 1~3은 아날로그와 디지털 신호 포착 장비의 차이점 비교와 신형 도·감청 방지 장비의 개선된

주요 성능, 장비의 탐지 모드를 각각 나타낸 것이다.

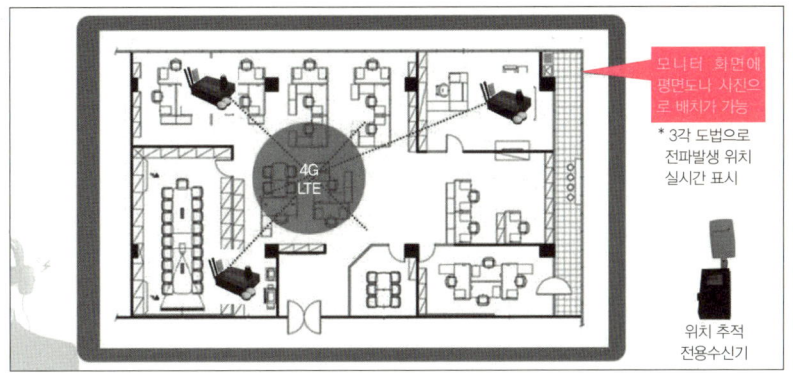

[사진 24] 5세대급 관제화면

· 1개 층 또는 특정 구역에 3대 이상 운용할 경우, 도청 위협 신호원의 위치 실시간 표시
· 위치 추적용 전용 수신기로 다른 주파수의 혼선 없이 간단하게 도청기 색출 및 제거

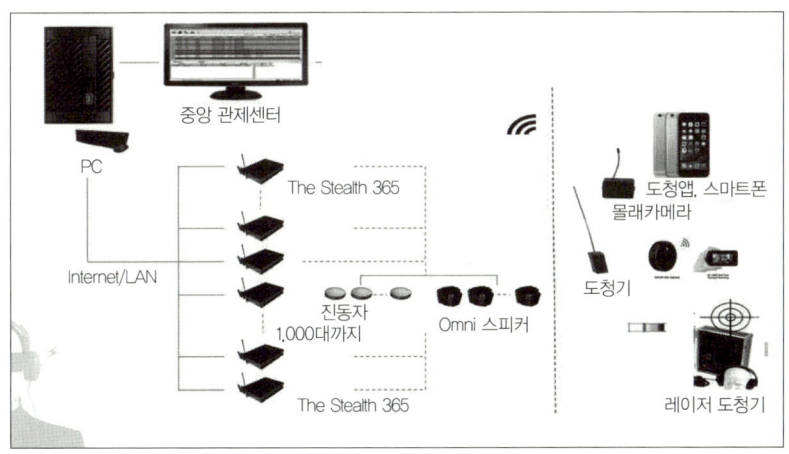

[사진 25] 'The Stealth 365' 장비 운용 및 구성도

[표 1] 아날로그와 디지털 신호 포착 장비 비교

장비	아날로그 신호 포착	아날로그/디지털 신호 포착
감지 모드	아날로그 신호	아날로그 및 디지털 신호
차이점	· 음성 또는 영상을 복조하여 1차적으로 확인할 수 있음(그러나 현행법은 복조가 금지되어 있음 : 통신비밀보호법 제2조 3호, 4호, 7호에 저촉 및 제16조에 의거 10년 이하의 징역에 처함) · 전 대역에 걸쳐 주파수만 맞추면 모두 수신이 가능한 구시대 기술 · 최근 도청 기술로는 거의 사용되지 않음(심부름 센터 사용수준) · 청계천, 인터넷 등에서 비교적 쉽게 구입 가능	· 음성이나 영상을 각 메이커별로 서로 다른 방식으로 디지털 변조를 하기 때문에 복조가 불가능 · 포착된 신호가 도청 신호인지 여부를 알 수가 없고, 신호원을 찾아 확인(그러나 도청 신호원의 위치 추적이 아주 간단히 이루어질 수 있는 장비도 있음) · 각국의 정보 수사기관에서 많이 사용됨 · 정보기관, 수사기관용 외에도 스마트폰의 SIM 카드를 사용하는 디지털 도청기류는 인터넷 등에서 쉽게 구입 가능한 제품임 · 국내에서도 사용 가능함(실제 스마트폰, Wi-Fi 대역에서도 도청이 가능하고 관련 제품들은 얼마든지 구매할 수가 있음)
탐지 실적	· 많이 있음	· 거의 없음(디지털 도청기가 없어서 탐지가 안 되는 것이 아니라 탐지할 수가 없어서 적발되지 않은 것으로 추정됨)

[표 2] 'The Stealth 365' 신형 도·감청 방지 장비의 개선 성능

모델명	The Stealth 365
제조사	Global TSCM Group
특·장점	스마트폰 도청 앱, SIM 카드형 도청기 위치 추적 및 제거 가능
주파수 범위	25MHz ~ 6GHz
스캔 속도	1초 이하
수신 감도	−95dBm ~ −75dBm(각 대역별 감도 조절 기능)
주파수 분석	주파수 분석/신호 데이터 표시 방식 (결과치 안내)
탐지 모드	2G, 3G, 4G, LTE, Wi-Fi, Bluetooth, Jammer, FHSS, DSSS, FM, AM, NTSC, PAL 등 →3, 4, 5세대
레이저 도청 방지	2Ch, 2중 난수 알고리즘
부가 기능	· 1개 층 또는 특정 공간에 3대 이상 설치 운용할 경우 : 도청 위협 신호 발생 시에는 관제화면에 자동으로 위치 표시 · 별도의 위치 추적 수신기로 해당 구역 위협 신호원 정밀 탐지, 제거 · VIP를 위한 개인 독립 관제기능
기타	· Ethernet 및 Wi-Fi 네트워크 구성 가능 · 아날로그 음성, 영상 복조 안 됨(합법)

[표 3] 'The Stealth 365'의 탐지 모드별 감지여부 비교

탐지 모드			감지 여부 The Steath 365	비고
Up to 6GHz	아날로그	AM, FM	○	
		NTSC, PAL	○	
	디지털	2G, 3G, 4G, LTE	○	도청 앱, SIM 카드 → 매우 위협적
		콜라, 카카오 등 영상	○	불법 영상 전송 감지
		Wi-Fi	○	SSID 선별 감지 기능
		UWB	○	디지털 도청의 하나
		Bluetooth	○	카지노 등 불법 행위 차단
		FHSS	○	전문가급 도청 수준
		DSSS	○	디지털 도청의 하나

[진동자]

'The Stealth 365'의 진동자(Transducer, TRN-600)는 레이저 도청 방지용으로서 유리창 면에 부착하여 2중 난수 잡음 방사 및 진동 기능을 수행하며, 외부에서 레이저 빔을 쏘아 실내 음성을 도청하고자 하는 경우에 음성을 알아들을 수 없도록 하거나 해독을 지연시키는 기능을 한다.

주요 사용처로는 대기업 회의실 임원실이나 정보 및 수사기관, 군부대 및 관공서, 정당, 카지노, VVIP실 등은 물론 시험장 부정행위 방지 및 교도소 등 휴대폰 사용이 금지된 구역이다.

Chapter

05

디지털 도청 탐지 장비

Chapter 05_ 디지털 도청 탐지 장비

초고속·30GHz 스펙트럼 분석기

우리 주변의 도청기가 어느 정도로 디지털화되고 있는지 알고 있는가? 디지털 도청기를 찾아내지 못하는 한 그것은 아무도 모르는 비밀일 것이다. 스프레드 스펙트럼, 주파수 호핑, 버스트 도청기 등과 같이 감쪽같은 신호 체계를 경계해야 한다. 그것도 모자라 이제는 스마트폰과 와이파이까지 부담은 100배쯤 된다.

영국 S.W사의 Merlin은 새로운 초고속 스펙트럼 분석기(MERLIN MK3™)를 출시했다. 이 장비는 초당 30GHz를 초과하는 속도로 전파 스펙트럼을 탐지할 수 있다. 이 시스템은 이더넷 제어를 기반으로 하므로 원격 배치에 이상적이다. 그만큼 워터폴 화면을 녹화하고 재생할 수 있으며 시간과 주파수를 모두 읽을 수 있다. 이 분석기는 추가 스펙트럼 분석기 기능을 사용하여 스펙트럼 분석을 수행한다. SMART 확산 스펙트럼 장치를 포함한 은밀한 전송을 쉽게 식별할 수 있으며, 영상 전송과 'Picture in Picture' 디스플레이를 표시할 수도 있다.

[시스템 개요]

이 장비는 다중 플랫폼과 강력한 컴퓨팅 성능을 갖추었으며 운영자는 그래픽 인터페이스를 선택할 수 있다. 또한, 표준형 iPad가 제공되지만 다양한 사이즈의 MAC, PC, 데스크톱 또는 랩톱, iPhone과 같은 모바일 기기도 선택할 수 있다. 케이블 외에도 신속한 배치를 위해 무선 연결도 가능하다.

[멀티 기록 비교, 한 번에 최대 10회까지 스캔]

이 장치는 배터리 또는 주 전원으로 작동되며, 배터리 시스템은 '핫 스왑'과 분리 가능한 두 개의 배터리 및 하나의 고속 충전기가 기본으로 제공된다. 외부 안테나를 사용할 수 있으며, 방향 찾기를 위한 Directional Hand Held 안테나도 포함되어 있다.

[주요 기능]
- 소형 올인원 유닛
- 최대 30GHz의 대역폭
- 이더넷 제어
- 기록/재생 워터폴
- 케이블 또는 무선 제어 장치
- 멀티 포맷 컴퓨터 제어장치(표준형으로 제공되는 iPad)
- 배터리/메인 전원
- 핫 스왑 배터리
- 디지털 및 아날로그 비디오 디스플레이

Chapter 05_ 디지털 도청 탐지 장비

디지털 도청기 탐지 장비

아직까지도 398MHz 구형 아날로그 도청기를 찾는다면 당신은 분명 시대에 한참 뒤떨어진 사람이다. 디지털 기술은 말 그대로 정신 못 차릴 만큼 빠르게 돌아가고 있다. 도청 기술 또한 첨단 기술 그대로이다.

디지털 도청 장비는 다양한 디지털 변조 방식의 마이크로 송신기를 포함하여 이동통신망, Wi-Fi, Bluetooth 등등 헤아릴 수 없을 만큼 많이 출시되고 있다. 실제로 20만 원짜리 휴대용 장비에 탐지되는 ○○도청기를 수백~수천만 원의 장비로도 탐지해내지 못하고 헤매는 경우를 종종 볼 수 있다. 이럴 경우, 좋은 방법이 없을까?

전자 감시를 위한 TSCM에 있어서 주요 요구 사항은 비밀리에 사용되는 무선 마이크를 은밀하게 탐지하기 위한 장비를 제공하고 숙련자나 비숙련자 모두 효과적으로 사용할 수 있게 하는 것이다. 성능 또한 이전에 대부분의 RF 계측기가 실패한 로컬 RF 환경과는 무관

해야 한다. 그 결과, 출시된 것이 바로 차별화된 광대역 'H' 필드 검출 시스템(Hunter XD™, 사진 26)이다.

[기술적 특징]
· 주파수 범위 : 10MHz~10GHz 이상 탐지 가능
· 탐지 기능 : 주파수 호핑(Frequency Hopping) 및 스프레드 스펙트럼(Spread Spectrum)과 같은 스마트(Smart) 버그를 포함한 라디오 마이크로폰의 모든 유형
· 가청 경고음 : Closed Back 헤드폰을 통한 Sonar 또는 Listen(복조) 모드
· 시각적 경고 : 방향 탐지와 함께 전계 강도 판독

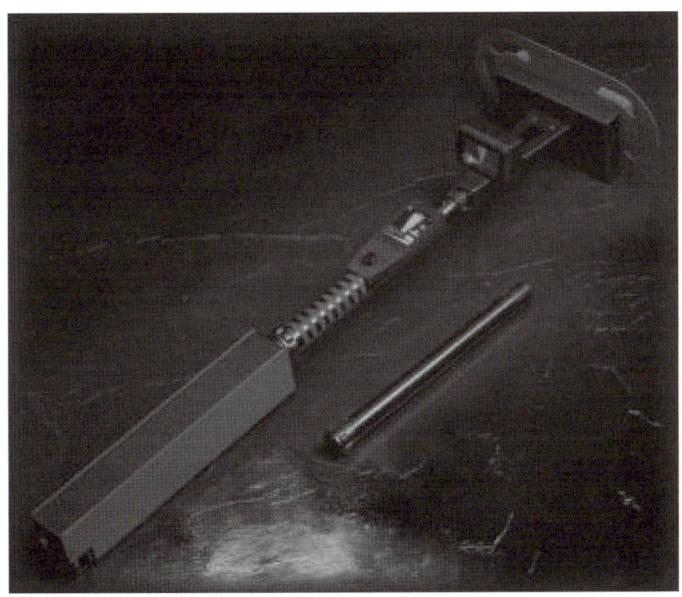

[사진 26] 디지털 도청탐지 장비(Hunter XD™)

Chapter 05_ 디지털 도청 탐지 장비

유선 마이크로폰 탐지 장비

VIP실에 도청용 초소형 유선 마이크가 여기저기 설치되어 있다. 그리고 수십 m의 전선으로 연결하여 VIP실 밖에서 도청 전파를 쏜다. 실내의 대화나 기밀은 줄줄 새어 나간다. 물론 도청이 되고 있다는 사실은 알 수 없다. 생각만 해도 간담이 서늘해질 것이다.

이런 경우는 아무런 대책이 없다. 초고성능 스캔장비, 고장난 도청기도 찾아낸다고 하던 만능 NLJD, 발열회로를 통한 도청기 발견기법 등등. 여러분은 어떻게 할 것인가? 한 가지, 유선 마이크를 찾아내는 최첨단 장비를 투입한다면 가능하다. 이것은 도청기용 마이크를 제거할 수 있는 유일한 방법이다.

집요한 추적자, 유선 마이크가 전문 공격팀의 첫 번째 선택임에도 불구하고 많은 스윕팀 중 가장 무시당하는 영역이다. 마이크로폰 탐지 장비(Blood Hound)는 음향적으로, 그리고 완벽하게 휴대할 수 있도록 설계된 마이크로폰 탐지 시스템이다(사진 27). 마이크에서 오디오 신호를 감지하고, 외부 노이즈를 제거하기 위한 정교한 필터링을 통해 높은 증폭을 겪으면서 작동하게 된다.

[사진 27] 유선 마이크로폰 탐지 장비(Bloodhound™)

이 탐지 장비는 다음과 같은 유형의 스파이 공격 탐지에 사용할 수 있다.

· 주요 대상이 된 장소가 비밀 정보 수집 장소에 직접적으로 연결된 곳에 증폭된 유선 마이크 시스템
· 전화기에 대한 오디오 공격
· 케이블에 오디오 존재
· 라디오 마이크, 오디오 구성 요소
· 테이프 리코더 공격(여러 유형)
· 비디오 카메라
· 범용 증폭, 특히 매우 약하고 잡음이 많은 신호의 경우
· 케이블 트레이싱 작동

그뿐만 아니라 이 탐지 장비는 은밀한 모드(수동) 및 공개 모드(능동)의 2가지 모드에서 사용되는데, 은밀한 모드(수동)에서 운영자는 필터 및 헤드셋 유닛을 사용하여 도청 마이크가 감지한 실내 노이즈를 청취한다. 제대로 수행되는 은밀한 검색은 직원이 있는 상태에서 이루어질 수 있고, 비밀 정보 수집 장소는 알리지 않는다. 공개 모드(능동)에서는 전력 증폭기가 시스템에 추가되는데, 프로브가 마이크를 감지하면 시스템은 음향 피드백으로 간 후에 독특한 울부짖음이 생성된다.

Chapter 05_ 디지털 도청 탐지 장비

스마트폰·GPS 추적기 탐지 장비

도청도 이제 시대가 변했다. 여러분은 이제까지 이토록 깔끔하게 이동통신 주파수 밴드 내에 감춰진 디지털 도청 주파수를 찾아내는 장비를 본 적이 있는가?

스마트폰(또는 휴대폰 주파수 대역 내에 숨겨진 디지털 방식의 도청기 포함)을 탐지하는 것으로서 방향 탐지 기능까지 포함하고 있다. 보안 감시에 사용할 수 있으며 또 특정구역에 대한 휴대폰의 작동도 감시한다. 음성을 도청하거나 데이터의 한 조각, 예를 들면 'ㄱ'자 하나라도 문자 메시지가 날아가면 즉시 잡아낸다. 또 방향 탐지용 안테나를 이용하여 스마트폰이 어느 구역에 숨겨져 있는지도 곧바로 색출해낼 수가 있다.

그리고, GPS Tracker를 탐지해본 적이 있는가? 요즘 차량에는 전자회로가 많이 설치되어 있기 때문에 비교적 간단한 작업 같지만 찾아내기가 쉽지 않다. 미국 BVS사에서 개발한 이 탐지 장비

(Wolfhound-Pro™, 사진 28)의 고속 스캐닝 수신기는 다중대역의 방향탐지 안테나 시스템을 사용하여 대기 모드 또는 음성, 텍스트와 데이터 RF 전송 중에 있는 인근의 휴대폰을 찾을 수 있다. 이것은 무선 금지 보안 정책을 실행하기 위해 반입이 금지된 휴대폰 또는 TSCM 도구를 찾을 경우에 완벽한 툴이다. 이 장비의 수동 수신기 기술은 어떤 신호도 방해하거나 엿듣지 않기 때문에 완전히 합법적이며 법원 명령을 준수하는 완벽한 선택 툴이다.

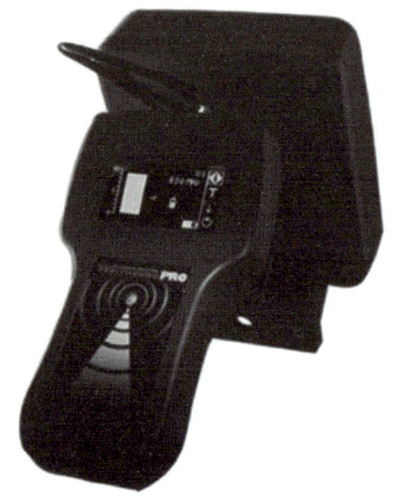

[사진 28] 휴대폰과 GPS 추적기 탐지 장비(Wolfhound-Pro™)

또, 이 탐지 장비는 조작이 간단하고 초고휘도 OLED 스크린을 탑재함으로써 숙련자와 비숙련자 모두가 쉽게 사용할 수 있다. 미국 보안기술국(OST : Office of Security Technology)과 연방 교도소(FBoP)의 승인을 받았다.

이외에도 다음과 같은 특징이 있다.

· 활성화된 밀수품 또는 승인되지 않은 핸드폰 음성, 텍스트 및 데이터 전송을 탐지하고 찾아냄
· 방향 탐지 안테나는 활성화된 실내 휴대폰을 최대 45m(실외에서는 1.6Km)까지 찾아낼 수 있음
· 수동 수신기 기술은 신속하고 합법적이기 때문에 법원 명령이나 영장 청구를 할 필요가 없음
· 주요 사용처로는 휴대폰 사용이 금지된 구역(회의실 등)

Chapter 05_ 디지털 도청 탐지 장비

스마트폰·녹음기 검색대

휴대폰에 의한 도청과 무단 녹음이 끊이지 않고 있다. 도청을 방지하고 감시하는 입장에서 가장 어려운 것 또한 스마트폰이다.

전원을 ON, OFF하는 것과는 무관하게 모든 휴대폰이나 녹음기까지 색출이 가능하다. 여러분은 지금까지 이런 장비를 본적이 있는가? 한 개의 폴(Pole)을 사용하기 때문에 VIP가 통과해도 큰 부담이 없다. 휴대폰 및 녹음기를 탐지하는 강자성 검색대(SentryHound-Pro™, 사진 29)를 사용하는 것은 무단이나 불법 휴대폰, 태블릿, 노트북, 스마트 워치, 웨어러블 기기뿐 아니라 총기, 나이프 등을 포함한 무기를 탐지하는 단극 솔루션이다(완전한 Walk through를 위해 두 번째 극 추가). 이 검색대의 강자성 감지 구역은 플라스틱 휴대전화나 소형 전자제품에서 발견되는 극미량의 철 물질에 대해 매우 민감하다.

[사진 29] 휴대폰 · 녹음기 검색대(SentryHound-Pro™)

임시 검문소나 출입구 및 벽에 설치된 강자성 감지 구역에는 주로 단극을 사용한다. 이중 트리거 구성(무선연결)을 사용하여 잘못된 트리거를 최소화하고 1.5m 이상의 감지 범위를 확장한다. 설치가 간단할 뿐만 아니라 어디서나 작동할 수 있다. 전원을 켠 후, 30초 이내에 작동이 가능하고 별도의 소프트웨어나 어셈블리가 필요하지 않다. 장비의 무게는 굉장히 가볍기(단지 7.7Kg) 때문에 모든 보안요원이 쉽게 운반하고 설치할 수 있다. 대부분의 Walk-through 금속 탐지 시스템과는 달리, 조명 영역이 있는 전면은 머리부터 발 끝까지 190cm에 달한다. 돔형의 전방위 경보가 눈에 잘 띄고 경보음은 최대 효과를 위해 쉽게 조절이 가능하다. 실내 · 외에서 사용할 경우를 대비하여 잘 봉인되어 있다.

어디에서든 하루 종일 전원을 공급할 수 있도록 밀폐된 젤 셀 내부에 충전용 배터리도 내장되어 있다. 이외에도 보안 키 잠금장치나 알람, DVR, 비디오 감시 및 침입탐지 시스템도 갖추고 있다. 주요 사용처로는 정보기관이나 법원, 검찰청, 경찰청, 군부대 등 정부기관, 대기업, 연구소, 기타 녹음·녹화 등 저작권 보호가 꼭 필요한 곳이다.

Chapter 05_ 디지털 도청 탐지 장비

스마트폰 탐지 모니터

스마트폰 탐지 모니터는 스마트폰 사용을 감지하게 되면 경보가 울리므로 여러 곳의 장소를 관제 및 감시할 수 있다. 법원이나 정부기관, 대기업 회의실, 병원 등과 같이 매우 다양한 곳에서 유용하게 사용할 수 있다.

스마트폰 탐지 모니터(Watch Hound™, 사진 30)는 언제, 몇 회의 통화가 이루어졌는지 또는 문자가 얼마나 전송되었는지 등과 같은 실질적인 교신 분석이 가능하다. 또한 활성 음성이나 텍스트 또는 셀룰러 데이터 감지 시 작동하는 이 모니터는 굉장히 민감하게 365일 내내 주변의 모든 스마트폰의 활동을 감시하는 역할을 한다. 전체 시설에 걸쳐 네트워크로 연결된 보안 모니터링을 위해 모든 이더넷에 연결도 가능하고, 은밀한 시행과 굉장히 선명한 OLED 디스플레이, 원격제어 및 이더넷 전원 장치(PoE : Power over Ethernet) 또는 내장된 AC 전원공급 기능으로 어떤 벽에서도 일반적인 온도 조절 장치처럼 구성할 수 있다.

[사진 30] 휴대폰 탐지 모니터(Watch Hound™)

경보는 내부 스피커나 헤드폰 출력을 통해 전달되거나 건식 접촉 포트를 통해 맞춤형 경보를 생성한다. 보다 강력한 보안 경고를 위해서 방문객과 직원이 휴대폰 또는 블루투스를 사용하는지를 감지하고 차단하는 것도 고려할 수 있다. 또 간단한 썸스틱·푸시 버튼 컨트롤을 통해 보안 담당자가 쉽게 임계값을 설정하고 실시간으로 과거의 휴대폰 활동내역을 확인하며 모든 음성이나 텍스트 및 셀룰러 데이터까지 감지할 수 있다.

이외에도 주요 특징은 다음과 같다.
· 경계 보안을 위해 모든 휴대폰(미국 및 국제 대역) 감지 가능
· 즉시 사용할 수 있지만, 고급 보안 네트워크의 규정에 맞게 구성 가능
· 여러 대의 탐지 모니터를 네트워크로 연결 가능
· 깜박이는 OLED 디스플레이를 통한 경고음 발령
· 음성, 텍스트 및 셀룰러 데이터의 365일 모니터링을 위한 PC 소

프트웨어 지원
- 이더넷(PoE) 또는 내장된 AC 전원 공급 장치를 통한 전원 공급
- 사용자 지정 외부 경고를 트리거하는 건식 접점 포트
- 간단한 푸시 버튼 및 트랙볼 탐색

대기 모드(자율 등록)는 일반적으로 등록하는 전화를 사용하여 몇 분에서 최대 20분 사이로 기지국마다 다양하다. 이 시간은 이동통신사나 기지국으로부터의 거리 및 개별 핸드셋 제조업체의 표준에 따라 다르다. 또 기본으로 제공되는 유틸리티 소프트웨어를 사용하여 사용자가 언제든지 다른 지원 지역으로 전환할 수도 있다.

Chapter 05_ 디지털 도청 탐지 장비

무인 불법 스마트폰 사용 감지기

이 무인 불법 스마트폰 사용 감지기(Wall Hound™)는 일반적으로 사용이 제한되거나 허가되지 않는 불법적인 곳에서 스마트폰 사용을 감시한다. 음성은 물론 데이터와 문자 메시지를 포함하여 인근의 모든 스마트폰의 활동도 탐지하게 된다.

스마트폰 신호가 감지되면, '스마트폰 전화 금지'라는 표시가 깜박이며, 시설에 의해 설정된 시끄러운 음성 메시지가 울리게 된다. 감도와 경보 볼륨은 완벽하게 조정이 가능하며 함부로 변경되지 않도록 키 잠금을 통해 보안성을 보장할 수 있다. 이 감지기의 장점은 사용의 편의성과 완전한 무인 기능이다. 교도시설이나 법정, 보안이 요구되는 정부기관 등에서 방문객에게 휴대폰 반입 및 사용정책을 알려줌과 동시에 보안 요원의 업무도 줄여줄 수 있다.

또, 블루투스와 Wi-Fi 탐지를 포함한 타깃 탐지용 DF 안테나를 지원하고 있는데, 고급 스마트폰 탐지 엔진은 블루투스 또는 거짓 트리거를 최소화하는(Wi-Fi와 같은 다른 무선 장치가 아닌) 활성화된 휴대 전화만을 확실하게 탐지한다. 길가의 차량 속도경고 표시와 같이 활성화된 전화 사용을 항상 자동으로 스캔하므로 보안 담당자가 모니터링하거나 개입할 필요가 없다. 그리고 검출 감도나 경보 강도, 음성 메시지 및 볼륨 등은 모든 환경에 맞게 조정이 가능하다.

이외에도 다음과 같은 특징이 있다.
- 불법적인 장치 및 인증되지 않은 장치를 탐지하고 휴대폰 사용을 억제할 수 있는 턴키 솔루션
- 밝은 시각적 및 음성 경고를 멀리서 보거나 청취 가능
- 휴대폰 감지 시 사용자 지정 가능한 오디오 경고 메시지 발생
- 주변의 모든 활성화된 음성이나 텍스트, 데이터는 물론 스마트폰 사용도 감지
- 주변의 셀룰러, 블루투스 및 Wi-Fi를 감지하고 사용자 지정 알림으로 식별 가능
- 휴대 전화 및 블루투스 탐지 대상 지역에 대한 방향 안테나 지원 가능
- 사용자가 감도 및 경고 수준 지정 가능

Chapter 05_ 디지털 도청 탐지 장비

스마트폰 등 휴대품 검사용 기기

옷 속이나 가방 또는 기타 장애물에 숨겨진 비정상적인 휴대폰을 적발해낼 수 있음은 물론 휴대폰의 전원이 ON, OFF 되더라도 탐지가 가능한 신기술을 접목한 새로운 장비도 탄생되었다.

일명, 스마트폰 등 휴대품 검사용 장비로 알려진 이 검사 장비(Manta Ray™, 사진 31)는 교정시설이나 정부 건물, 기업체, 금융기관, 대학 및 법 집행기관 등에서 승인되지 않았거나 불법적이고 안전이 보장되지 않은 밀수된 휴대폰을 발견하는 솔루션을 제공하고 있다.

[사진 31] 스마트폰 등 휴대품 검사용 장비

BVS 고유의 휴대폰 전화 탐지 장치는 숨겨진 휴대 전화를 탐지하는 이상적인 근거리 금속 탐지기로서 휴대폰이 어떠한 상황(예를 들면, 휴대폰이 ON/OFF 되었거나 배터리가 제거된 상태)이라도 탐지가 가능하다. 단, 모든 휴대폰에 공통된 특정 구성 요소를 스캔한다는 점에서 기존의 금속 탐지기와는 다르다. 이 검사 장비를 통해 시계나 열쇠, 동전, 벨트 버클은 물론 기존의 금속 탐지기가 트리거할 수도 있는 다른 금속품을 잘못 탐지하는 오검색을 줄일 수도 있다. 전형적인 금속 탐지기는 플라스틱으로 구성된 최신 스마트폰을 감지할만큼 민감하지 않지만, 반대로 이 검사 장비는 상대적으로 매우 민감한 편이다. 사람이나 포장물, 가방, 서류가방, 지갑 등을 비롯하여 모든 휴대폰에서 발견되는 철제소재를 신속하게 스캔하고, 보다 세부 보안 정보까지 제공하는 완벽한 솔루션이다. 또 매우 민감한 패키지 검사를 할 경우를 대비해서 휴대용 모드(Handheld Mode)와 비유동적인 고정식 모드(Stationary Mode)를 제공하고 있다.

이외에도 다음과 같은 특징이 있다.

- 각종 키나 벨트 버클, 동전, 시계 등과 같이 잘못된 트리거 항목을 무시한다.
- 고급 철 탐지법을 사용한다.
- 금속 탐지봉보다 민감하다.
- 비용적인 면에서 효과적이며 누구나 간편하게 조작할 수 있다.
- 포켓용 또는 고정 패키지 검사 모드를 각각 제공한다.
- 표준 이동식 9V 배터리로 최대 3시간까지 작동할 수 있다.
- 주머니나 배낭, 지갑, 서류 가방 등에 숨겨진 승인되지 않은 휴대폰을 빠르게 스캔한다.
- 매트리스 아래나 벽 뒤, 포장물 내부에 숨겨진 휴대 전화를 감지한다.
- 전원이 꺼지고 배터리가 제거된 경우에도 휴대 전화를 감지할 수 있다.

Chapter 05_ 디지털 도청 탐지 장비

통신보안과 위치 추적

취미의 왕이라 불리는 아마추어 무선사(HAM)들의 게임 중에는 '여우사냥(Fox Hunting, T-Hunting)'이라는 것이 있다. ARDF(Amateur Radio Direction Finding)로 불려지는 이 게임은 방향 탐지용 안테나를 부착한 수신기로 구석구석 숨겨놓은 전파 발신용 송신기를 찾는 게임이다.

방향 탐지용 안테나가 송신기에 가까워지거나 같은 방향일수록 비프(Beep) 음이 더 커지는데 한 개의 송신기를 찾을 때마다 심사위원의 서명을 받은 뒤, 정해진 시간 안에 또 다른 것을 찾아야 하는 것이 게임의 규칙이다. 이것은 마치 보안전문가들이 실제 도청기를 찾는 모습과 매우 유사하다. 필자는 미국에 있으면서 아마추어 무선사들을 대상으로 T-헌팅용 장비(DDF-2020T™)를 개발한 바가 있다. 동서남북에서 수시로 입감되는 전파의 방향을 판단하는 수신용 안테나 4개와 GPS에 더해 구글 맵을 이용하게 한 것으로 전파가 발생한 지점을 지도를 따라 추적하여 최종 목적지까지 가서 신호발생 위치를 확인하고 제거할 수 있게 하는 것이다. 이 장비만의 판매 마켓을 만들기 위해, 제품의 로고를 아마추어 무선사의 콜 싸인으로 쓰기로 하고 1급 자격증시험에 응시했다. '한국에서는 브랜드 가치로서, 3급보다는 1급을 더 신뢰하는데, 과연 미국인들의 인식은 어떨까?' 하고 궁금했지만, 미국도 결국 비슷한 편이었다. 처음부터 1급을 볼 수 없는 미국 연방 통신 위원회(FCC) 규정 때문에 3급, 2급, 1급에 순차적으로 응시하였다. FCC에서 최종적으로 부여받은 콜싸인 KN2C를 브랜드로 2020년까지는 열심히 판매하겠다는 의미에서 Direction Finder DDF-2020T™를 모델명으로 정하고 순조롭게 판매에 들어갔다. 오늘도 이 장비는 미국은 물론 전 세계에서 가장 유명한 전파 방향 탐지 장비로 자리매김해오고 있다.

2011년 초부터 판매를 시작해서 2020년이 턱밑에 거의 다가온 지금도 판매되고 있는 것을 보면 계속 업그레이드해서 이 제품의 모델명을 DDF-2030T로 바꾸어야 할 것 같다. 참고로 필자도 모르는 사이에 미국 아마추어 무선 연맹에서 발행하는 매거진(QST, 2016. 11)에 4쪽에 걸쳐 리뷰 기사가 소개되었다. 캐나다의 어느 햄이 우리 제품을 구입한 후 전체를 뜯어가며 각각의 기능들이 잘 동작하고 있는지, 어떤 새로운 기능이 있는지, 장단점이 무엇인지를 꼼꼼하게 분석한 기사였다. 이 기사(사진 32)를 통해 전 세계의 햄들에게서 커다란 호응을 받았다.

현재 이 장비는 '여우사냥'은 물론 불법 전파나 중계기 사용을 방해하는 각종 전파를 탐지해내는 장비로도 사용되고 있다.

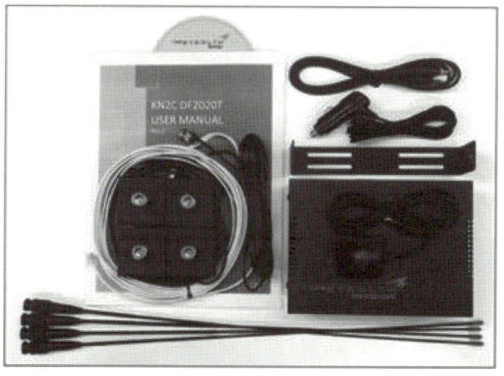

[사진 32] 미국 QST지에 소개된 아마추어 무선사 대상
T-헌팅용 장비(DDF-2020T™) 소개 기사

오하이오주 데이톤에서는 1952년부터 햄 페스티벌을 개최해오고 있는데, 2박 3일 동안 개최되는 이 행사에는 약 4,000여 개의 신제

품과 중고품 부스가 자리를 꽉 메운다. 그뿐 아니라 햄 입문 교육과 자격시험 그리고 각종 세미나도 개최하기 때문에 보고 배울 점이 정말 많다. 또 플로리다주 올랜도와 마이애미에서도 비슷한 행사가 열려 매번 부스를 가지고 참가했다. 미국 남부의 끝자락인 키 웨스트에서도 조그만 마을에서 햄 전시회가 열린다. 특히 MIT 공대 캠퍼스에서 개장하는 정크 시장에서는 방향 탐지와 위치 추적에 관심이 많았고, 그 외에도 대학의 이미지에 걸맞게 신선한 아이디어를 볼 수 있는 제품들이 많이 나와, 매년 행사에 참가해 큰 보람을 느꼈다.

이렇게 여러 지역의 햄 전시회를 다니면서 필자는 1920년대, 1935년대, 1950년대 등 그야말로 보기 힘든 진공관 라디오를 구하는 데에도 눈길을 놓치지 않았다. 그 덕분에 지금도 틈만 나면 가슴 벅차게 라디오들을 들여다보는 취미가 한 가지 더 늘게 되었다. 그렇다고 오래되고 진귀한 모든 물건을 구입하는 것은 아니다. 라디오가 아니면 관심조차 없었다.

Chapter

06

도청 공포로부터 탈출하자.
디지털 도청 방지 장비

Chapter 06_도청 공포로부터 탈출하자. 디지털 도청 방지 장비

보안폰(스마트폰 암호 S/W, 비화기)

스마트폰에 대한 도청 공포가 확산되면서 새로운 대책들이 속속 나오고 있다. 소프트웨어를 탑재한 암호화나 하드웨어를 사용한 외장 비화기 등이다. 하지만 이들 대책에는 보안을 사이에 두고 편리함과 불편함이라는 양면성이 항상 존재하고 있다.

도청 방지와 관련해 상담을 받다 보면 고객들은 대부분 보안성과 편리성을 동시에 요구하게 된다. 보안을 원한다면서도 보안 소프트웨어를 믿어도 되나 하는 다소 덜 믿음직스러운 느낌과 함께, 보안폰을 사용하는 것도 전화 통화를 시작하기 전에 반드시 앱을 눌러 선택해야 하는 등과 같은 불편함이 제기되었다. 그런가하면 하드웨어 비화장치의 보안성은 그런대로 믿음이 가지만, 외부에 부착해서 비화기를 사용하려고 하니 이건 소프트웨어에서 앱을 선택하는 것보다 더 불편하다는 것이다. 그리고 보니 이미 구매를 한 사용자도 아예 사용을 안 하게 되고, 구매를 하려는 고객들도 아주 짧은 시간 검토한 끝에 구매를 안 하게 된다. 그때부터 휴대폰 사용에 대한 걱정은 한숨 돌리는 것 같다. 그냥 잊어버리고 가끔씩 내 휴대폰은 괜찮은 것이냐며 담당자에게 진정성 없는 질문만 툭툭 던진다. 그렇다. 보안을 위하는데 조그마한 불편도 참지 못한다면 이러한 장비들은 사실 필요가 없다.

보안폰(사진33)은 스마트폰 사용자 간 음성 통화나 문자 메시지, 중요 파일(문서, 사진, 동영상 등)을 암호화하여 송·수신함으로써 도청과 해킹에 의한 정보 유출을 차단하게 된다. 스파이폰에 접속하여 정보 탈취를 한다고 하더라도 그 기능은 매우 제한적이다.

[사진 33] 보안폰(암호)

우리나라 이동통신 사업자의 네트워크 구간은 망 자체 보안 메커니즘과 보안 위협 요소 대비 및 관리로 도청과 해킹에 비교적 안전하지만 스마트폰 단말기 자체는 악성코드 감염, 분실, 도난 등으로 인해 도청과 해킹의 위험성은 매우 높은 편이다. 반면 보안 스마트폰에서 사용되는 소프트웨어의 경우, AES256의 암호 체계를 이용하면서 미국 표준기술연구소(NIST)의 FIPS-140-2 Level 등을 인증받아 사실상 공인된 것이다. 전 세계를 하나로 묶어 글로벌 통화를 가능하게 하는 이 장치는 세계 몇몇 곳에 교환용 서버를 설치하여 월 사용료를 받으며 유지하고 있다. 또 다른 한편으로는 소프트웨어이기 때문에 신뢰하지 못한다는 것은 합리적인 의심의 단계를 벗어난 게 아닌가 싶다. 필자가 알기로는 보안폰이 해외에서는 유저들의 신뢰성을 확보하여 잘 사용되고 있다.

반면, 외부장착 타입의 비화기는 어떤가? 서버나 교환기 등 외부의 도움 없이 독립적으로 사용되는 이 장치는 소프트웨어를 이용하는 방식과 달리 비화 통화를 원하는 사람들끼리만 직접 구입해서 쓰면 되는 것이다. 당연한 말이지만, 비화기는 어느 한쪽만 비화통화를 할 수는 없다. 반드시 통화를 하고자 하는 양쪽의 가입자들이 같은 기종의 비화기를 접속해야만 안전 통화가 가능하다. 스마트폰의 음성 보안에 집중하고 있기 때문에 한쪽에서 말을 하면 암호화되어 전송되고 다른 한쪽에서는 복호화되어 수신되면서 서로 간의 통화가 이루어지는 것으로 매우 안전하다. 즉, 송·수신측 각각의 하드웨어에 암호화와 복호화의 기능이 모두 내장되어 있다. 하지만, 외부에 꽂아 사용해야 하고 통화할 때마다 일부 조작하는 것이 불편하다며 정말로 꼭, 필요한 경우가 아니면 사용하지 않고 있다.

지난번 모 사건과 관련해서 특검(특별검사제)이 시작되고 있을 때였다. 당시 의뢰 받은 사항, 역시 휴대폰의 안전에 관한 일이었다. 외장 비화기를 가지고 상담을 하고 현장에서 간단한 테스트도 마쳤다. 그리고 비화기를 며칠 두고 가면 그 사이에 보고를 하겠다는 것이었다. 그렇게 하기로 하고 상담을 마쳤다. 그 다음날 담당자로부터 전화를 받았다. 담당자에 따르면, 사용하기가 불편해서 차마 VIP께 사용하시라고 보고를 못 하겠다는 것이었다. 그럴 수도 있겠다 싶었다. 그리고 나서 나는 '대한민국 내에서 비화기를 판매하기는 쉽지 않겠구나'. 라는 생각을 하기에 이르렀다. 지금껏 이 장비는 100% 해외에서 판매하고 있다.

Chapter 06_도청 공포로부터 탈출하자. 디지털 도청 방지 장비

사운드 마스킹(레이저 도청 방지 장비)

일전에 미국 필라델피아에서 개최된 보안 전시회에 참가해서 어느 부스의 사운드 마스킹 장비를 들여다보고 있는데 담당 이사가 와서 나를 보더니 전시된 장비의 전원 스위치를 모두 끈 후, 나에게 무조건 나가라는 것이었다. 그 사람은 이전에도 만나 개인적으로 서로 인사를 나누었던 사이였다.

아마도 처음 만났을 때부터 나를 경쟁자로 생각한 모양이었다. 완전히 스파이 대접을 받은 것이다. 그렇다고 그 회사의 정보를 가져다가 활용한 것은 아무 것도 없다. 그저 웃음이 나왔다. 이미 그때는 우리가 훨씬 우수한 기술과 기능을 확보하고 있었다. 이와 비슷한 사례가 보안사업을 할 초기에 뉴욕에서도 있었지만, 황당하기는 마찬가지였다.

도청 방지용 사운드 마스킹은 타깃으로 하는 룸에 잠입하지 않고도 상대방의 대화 내용을 외부에서 엿듣고 녹음할 수 있는 레이저 빔을 이용한 도청, 그리고 벽 또는 옆방에서 밀착 마이크를 이용한 콘크리트 도청 등을 적극적으로 방지하는 방법으로 사용된다.

우리의 'The Stealth 365' 모델은 음성 도청 및 데이터 감시기능과 함께 2중 난수 프로그램을 적용한 레이저 도청 방지용 제너레이터를 내장하고 있다. 즉, 누군가 레이저 도청 등을 시도하여도 음성을 알아들을 수 없거나 해독을 지연시키는 기능을 한다. 이것은 기존의 도청탐지 등과는 달리 도청보안 장비로는 탐지, 제거할 수 없는 도청에 대비하기 위해 보다 진보된 도청 방지 장비이다. 또, 최고의 보안시설을 구축하기 위한 필수 장비로서 도청 방지 음파 변환기와 특수 음파 스피커, 진동자를 설치함으로써 도청 방지 구역의 유리창이나 천장, 덕트 등에 해독이 불가능한 특수 음파를 방사한다.

이외에도 다음과 같은 도청 방지 기능이 있다.
- 음향을 이용한 도청에 대한 방지 장비
- 전자 청음기, 접촉형 진동 마이크 등
- 벽이나 물건에 숨겨진 마이크
- 창문 반사형 레이저 · 마이크로웨이브 도청 장비
- 음향의 진동을 이용한 도 · 감청 장비
- 주파수 대역: 250~6500 Hz
- 전원 : 110~220 V AC

우리에게 친근한 사운드 마스킹으로는 화이트 노이즈, 핑크 노이즈 등이 있다. 소음을 중화시키기 위하여 노이즈를 발생시키는 것으로 VIP실, 콜센터 등에서 주로 사용한다. 대도청에서는 2중 난수 프로그램에 의해 불특정 노이즈가 발생되지만 음향 분야에서는 거의 일정한 주파수 스펙트럼과 레벨의 노이즈가 발생된다.

Chapter 06_도청 공포로부터 탈출하자. 디지털 도청 방지 장비

구수회의 장비(회의실 도청 방지 장비)

구수회의란, 비둘기들이 모여 머리를 맞대듯이 여럿이 한자리에 모여 앉아 의논한다는 것에서 유래된 말로, 구수회의에 사용되는 도청 방지 장비는 우리가 생각할 수 있는 가장 완벽한 장비라고 할 수 있다.

어느 회의실에서 중요한 미팅이 있다고 가정하자. 이 장비를 작동시키고 말을 하면 에코 현상과 비슷한 왜곡된 노이즈가 발생된다. 이때 회의에 참석한 사람들만이 헤드셋을 사용한다. 나머지 사람은 바로 곁에서도 옆 사람이 무슨 말을 하는지 입 모양을 보고도 완전히 알 수 없다. 그런가 하면 이때 발생된 노이즈로 인해 주변의 다른 도청기와 녹음기도 전혀 다른 엉뚱한 음성을 받아 나르게 된다. 실내에 잠입하지 않고서도 도청할 수 있는 레이저 도청 장치, 콘크리트 마이크 등도 마찬가지이다. 대화를 할 때마다 발생하는 노이즈는 해독이 불가하여 한마디로 도청 가능성은 거의 제로이다. 알고리즘 사용 유형에 따라 정부기관 고급용, 일반용으로 나뉜다(사진 34).

[사진 34] 구수회의 장비(회의실 도청 방지 장비)

음성 및 개인의 정보보호 시스템으로 휴대 및 이동용으로도 사용할 수 있는 이 장비는 신중하게 설계된 안전한 맞춤형 오디오 마스크로 민감한 대화를 보호해준다. 첨단 오디오 마스크를 통해 도청이나 기술 수집 시도 또는 허가받지 않은 사람으로부터 대화 내용을 보호한다. 커스터마이징된 복잡하고 신중하게 설계된 오디오 마스크는 대화 장소를 안전하게 보호하므로 당면한 비즈니스에 집중할 수가 있게 된다. 간편한 설정과 작동 및 전송으로 대화를 안전하게 지켜주기 때문에 국내외 출장팀을 위한 필수품이다.

이외에도 다음과 같은 방지 기능을 내장하고 있다.
· 출장 시나리오를 위한 휴대용 음성 및 개인 정보보호 시스템
· 불안전한 지역에서 민감한 대화를 보호
· 심층적인 접근 방식으로 회의 보안에 적합
· 모듈식 접근방식은 2~8명까지의 대화자 지원
· 전화기, VoIP, 휴대폰 인터페이스 기능

Chapter 06_도청 공포로부터 탈출하자. 디지털 도청 방지 장비

오바마 텐트

미국의 오바마 대통령이 사용했다고 해서 붙여진 이름으로 한동안 국내에서도 굉장한 관심과 흥미를 일으켰던 도청 방지용 텐트다.

강력한 무선 감쇄 기능을 내장하고 있는 이 텐트(사진35)는 내부에 도청 장치가 설치되면 해당 전파가 텐트를 뚫고 나가지 못하고, 텐트를 향해 다른 어떤 컨트롤용 무선 주파수를 쏘아도 소기의 목적을 달성하기는 어려우므로 그만큼 보안성이 강하다. 그러나 여기에도 음성대역에 대한 부분은 구수회의 시스템을 병행해서 사용해야 한다.

이 텐트는 고급, 페더급(Featherweight), 기체 디자인을 몇 분 만에 설정하여 내부 신호를 분리해야 하는 출장팀에 적합한 장비로서 이동성이 뛰어나고 신뢰할 수 있는 RF 절연 솔루션에 대한 요구사항을 충족하도록 설계되었다. 또 민간 항공기에서 수하물로 운반할 수 있는 유일한 장치이다.

주요 기능은 다음과 같다.

- 초경량 휴대용 RF 절연 솔루션
- 5분 내 단일 사용자 설정
- 고강도, 경량, 내구성
- 흡입 및 배기 시 RF 도파관, 공기순환, 전력 및 신호 필터링, 조명
- 1GHz에서 65dB의 성능 보장
- 검정색 나일론 재질로 이중 보호되어 내구성 강화
- 차폐된 도어는 전기 전도성을 보장하기 위해 전도성이 좋은 붙임성 재질로 고정
- 공기 순환 장치(선택 사양 에어컨 장치)
- 통합 LED 조명 시스템
- 필터링이 된 전원 및 신호 패널
- 추가 통신 포트(옵션)

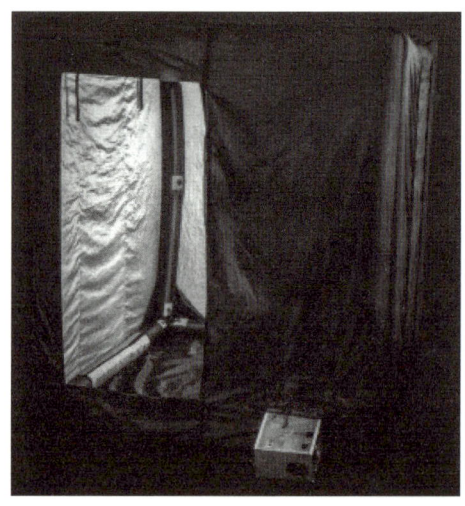

[사진 35] 오바마 텐트

Chapter 06_도청 공포로부터 탈출하자. 디지털 도청 방지 장비

녹음 방해·차단 장비

동서양을 막론하고 인류는 녹음 때문에 온통 몸살을 앓아 왔다. "녹음 못하게 하는 방법, 어디 없나요?"라는 질문은 가히 세계적이다. 안타깝게도 녹음을 완벽하게 방지할 수 있는 장비는 아직까지 없다.

유럽의 D사가 초음파(Ultrasonic Wave)를 이용한 녹음 방해 장비를 개발했으나 이 장비에는 방해할 수 있는 스마트폰과 방해할 수 없는 스마트폰이 존재하기 때문에 완벽한 녹음방해 장비라고 말할 수가 없다. 게다가 잘 동작하던 장비도 가방 속에 넣거나 주머니 속에 넣게 되면 신뢰성은 뚝 떨어진다. 일반적으로 인간이 들을 수 있는 음성 주파수 대역은 20Hz~20KHz인데, 이 장비는 그보다 약간 높은 25~26KHz로 강력한 웨이브를 송출하여 마이크들을 교란시켜 음성 녹음을 방해하는 원리이다. 그러다 보니 어떤 예민한 사람은 25KHz의 고주파 소음에 시달린다는 호소를 하는 경우도 적지 않다.

가장 진화된 장비로 평가받고 있는 유럽의 K사 제품도 다소 차이는 있지만 이 점은 마찬가지이다. 오늘날까지 미완으로 알려진 녹음 방해 및 차단 장비를 누군가가 완벽하게 개발에 성공한다면 그는 아마도 세계 시장을 온통 자신만의 블루오션으로 만들어 갈 수 있을 것이다.

지난 10월, 유럽의 K 오디오 재밍 회사를 찾았다. 몇 년 전부터 알고 있던 이 회사는 모든 녹음기와 도청기를 방해할 수 있고, 심지어 숨겨진 녹음기도 방해할 수 있는 제품이라고 설명하며, 그동안 내가 제기하던 문제점들을 해결했으니 판매해보라는 권유를 받았다. 필자는 완벽하게 해소가 되었는지 직접 시험해보기 위해 이 회사를 찾았던 것이다. 그동안 테스트하며 작동이 잘 되지 않던 스마트폰, 녹음기 등을 잔뜩 챙겨갔다. 그때 가지고 간 녹음기들을 테스트하는 동안 그 회사측에서는 내게 혀를 내둘렀다. 어디서 그렇게도 방해할 수 없는 제품만 골라왔으며, 어떻게 작동이 안 되는 환경만 만들어서 까다로운 테스트를 하느냐는 것이었다. 동양의 어떤 사람이 와서 이렇게 연구소를 난장판으로 만드는가? 하는 분위기가 역력한 느낌이었다. 아무튼 내 눈이 너무 높았는지 마음에 썩 들지는 않았다.

정말 신기하게도 그곳을 방문할 당시, 그 나라의 또 다른 회사에서 비슷한 장비를 출시했다는 메일을 보내왔다. 그래서 이번에는 내가 묵고 있는 숙소로 올 수 있느냐고 했다. 내 스케줄을 확인해서 일정상 토요일에 오라고 했다. 그들은 주말임에도 400Km 이상에 달하는 거리를 직접 차를 몰고 왔다. 숙소에 테스트할 공간을 만들어 놓고 똑같은 테스트를 하기 시작했다. 그 결과, 비슷한 성능에 가격은 거의 절반 수준으로 이전 장비에 비하여 훨씬 현실성이 있어 보였다. 특히 고주파 소음에 대해서는 기능이 많이 보강이 된 걸로 파악되었다(사진 36).

[사진 36] 녹음 방해 장비

[사진 37] 녹음 방해 장비 1(테이블 아래에 설치한 장면)

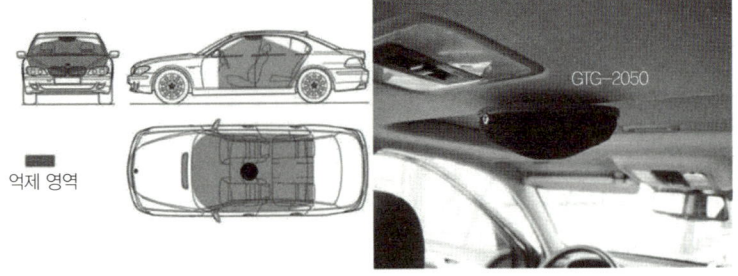

[사진 38] 녹음 방해 장비 2(차량 내부에 설치한 장면)

따라서 주요 회의실(사진 37)이나 검찰이나 경찰의 조사실, 차량 내부(사진 38) 등과 같은 상황에 따라 적당히 배치할 수 있는 모듈 형태의 녹음 방해장비들은 충분히 의미가 있는 제품으로 보여졌다. 이 장비들을 테스트하면서 부족한 부분이 없지 않았지만 이전 제품들에 비해 크게 개선된 성능이기에 고객에게는 판매하기 전에 "이러이러한 기능에 한계가 있다"라고 사전에 충분히 설명하고, 대부분의 스마트폰이나 녹음기류에는 충분히 녹음 방지 기능이 작동하니 필요한 소비자에게는 판매를 해야겠다는 생각으로 여행 일정을 기분 좋게 마무리했다.

한편, 모 기관에서는 차선책으로 주요 회의실에 입장할 때 보안팀에서 일괄적으로 휴대폰을 끄고 입장시킨 후 다시 몰래 켜지면 그것을 감지해서 알람을 울리도록 하는 아이디어도 내놓았다. 그러나 1차로 휴대폰이 꺼져 있더라도 녹음은 여전히 되는 별도의 장치가 있는 한 이것도 완벽한 방법은 아닌 것 같았다.

그와 관련해서 거의 완벽한 녹음·도청 방지가 되는 제품이 출시되었지만, 국내에서는 거의 사용되지 않는다. 세계적인 대기업 미국 B사 등 해외에서 판매되고 있을 뿐이다. 그 이유는 앞의 휴대폰 비화기와 비슷한 사례로 사용하기에 불편한 장비를 VIP에게 사용할 것을 차마 권유하지 못하기 때문이다.

Chapter 07

사내외 및 특정구역 보안측정을 위한 고려사항

Chapter 07_사내외 및 특정구역 보안측정을 위한 고려사항

우리집 도청기, 내가 한번 찾아 봐?

지금까지 디지털 도청의 기술, 그리고 소름 끼칠 정도의 은밀한 최신 도청 장비들에 대해 알아보았다. 그럼, 이번에는 혹시 개인 주택이나, 회사에 도청기가 설치되었을지도 모를 상황에 대비한 자가 탐지방법과 보안회사에 의뢰하는 방법 및 절차에 대해 알아 보기로 하자.

다만, 보안측정(탐지)을 하는 각각의 회사들이 서로의 노하우를 가지고 업무를 추진할 것이며 타사의 활동 내용에 대해서는 필자 또한 아는 바가 없기 때문에 여기서는 일반적인 기업에서 진행하는 내용을 위주로 업무처리 순서에 대해 소개한다.

당연한 말이지만 일반인들이 도청에 대한 고민을 하는 경우가 많지는 않다. 그 이유는 '누가 내 이야기에 관심을 가지겠느냐?'라고 생각하는 사람들이 대부분이기 때문이다. 그러나 실제로 도청에 대한 위협을 느끼는 개인들도 적지 않다. 필자는 내 이야기가 상대에게 노출되지 않았을까? 하는 불안과 항상 무언가에 쫓기는 듯한 조바심으로 살고 있는 안타까운 경우를 많이 보아왔다.

일반적으로 주택이나 아파트의 경우, 일정 수준 이상의 간단한 탐지기를 잘 이해하고 사용한다면 실내에 설치되었을 도청기의 95% 이상은 누구나 찾을 수 있다. 작업이 아주 간단하지는 않지만 조금만 관심을 갖고 탐지기 사용법을 익히면 충분히 찾아낼 수 있다.

[탐지 방법]
여기서, 탐지 주파수 대역 6GHz 정도의 휴대용 장비를 사용한다고 가정하자.
가장 먼저 탐지할 장비의 사용법을 익히도록 하자. 대개 휴대용 탐지기의 경우, 사용법이 그리 어렵지 않다. 전원 스위치를 켜는 것과 수신 감도를 조절하기 위한 감쇄회로를 조정하는 것, 그리고 신호가 입감될 때 신호의 세기에 따라 LED 램프 또는 오디오 톤이 변화되도록 하는 회로 등이 있다.

도청기를 찾기 위해서는 먼저 탐지 장비의 스위치를 켜고 방 안의 전 구역을 샅샅이 서치한다. 이때 가구 또는 어떤 물체에서 탐지기는 약 10Cm 이내로 근접한다. 안테나의 각도에 따라 수신 감도가 달라지기도 하므로 위와 아래, 그리고 좌우로 천천히 스쳐지나간다. 어떤 신호가 걸려 들었을 경우(도청기 신호일 수도 있지만 그렇지 않을 수도 있다)에는 탐지기의 LED 레벨이 많이 올라가거나 톤이 날카로워지는 곳까지 근접한다. 그리고 부근을 집중 수색한다. 그러나 잡음이나 혼신 등과 같이 다른 전파에 의해서 오인되는 경우도 아주 많다. 그러므로 확인을 잘하되 벽을 깨보고 장판을 들어내는 등과 같은 무리한 수색은 필요하지 않다.

가정집의 경우, 상식을 벗어난 정도의 설치 기술은 필요하지 않다. 그러나 스마트폰이 숨겨져 있는 경우에는 다른 도청기에 비해 신호가 훨씬 약하고 스펙트럼 바도 들쑥날쑥해진다. 그러므로 작은 신호도 놓치는 일이 없어야 한다. 이때는 감쇄회로를 거의 열어(잡음이 들릴 만큼) 놓고 탐지를 한다. Wi-Fi는 스마트폰에 비해 상대적으로 신호의 크기가 더 크다는 사실을 참고해야 한다.

휴대용 탐지기(사진 39)가 다른 비싼 탐지 장비와 비교해서 경우에 따라 더욱 쉽고 빨리 찾을 수도 있다. 원격 조작을 하는 장치(이 같은 기능의 장치가 의외로 많다)가 있을 수도 있기 때문에 중요한 시간대에 불시 탐지해보는 것도 좋은 방법이다. 앞의 내용에서 디지털 도청기를 포함하여 많은 도청기들을 소개했지만, 그것은 우리가 일반 가정에서 경계해야 할 정도를 넘어선 것들이다.

너무 많은 상상과 고민을 하지 말자. 이 중 스마트폰과 Wi-Fi 도청 장치가 찾기 까다로운 기종이고 아날로그형은 방 안에서 탐지기 스위치를 켜는 동시에 찾아질 수도 있다. 일반 가정에서 사용할 만한 휴대용 탐지기는 대략 60-70만원 정도라면 제대로 작동하는 것을 살 수 있다.

[사진 39] 휴대용 도청탐지기

일반인들은 스파이 영화에서나 종종 볼 수 있는 레이저 도청이 나에게도 해당될지 모른다는 걱정은 전혀 하지 않아도 된다. 결론부터 말하자면 레이저 도청은 어느 개인이나 심부름 센터에서 시도할 만한 도청 기술이 아니라는 것이다. 가장 쉽게 말해서, 개인이 그런 도청기를 살 수도 없고 가격 또한 몇천만 원 이상이기 때문이다. 그런데도 주위에는 의외로 이 레이저 도청에 고민하는 사람들이 많다.

얼마 전에도 어느 회사의 고위 임원 한 분이 전화를 해왔다. 당신의 아들 방에서 누군가에 의해 레이저 도청이 분명히 이루어지고 있다며 정신적으로 큰 고통을 받는다는 것이다. 필자는 걱정하지 말라는 이야기를 했지만 그 분은 아들의 호소를 들어주지 않을 수 없다며 대략 비슷한 제품으로라도 탐지 장비를 구성해달라고 사정했다. 그래서, 장비 기능을 설명한 후에 필자가 보유하고 있는 장비의 일부를 아주 저렴한 가격에 드린 적도 있다.

Chapter 07_사내외 및 특정구역 보안측정을 위한 고려사항

우리회사, 보안점검(측정)을 위한 실시방법과 업무절차

"그래서 상담 및 절차가 궁금하십니까?", "네. 그렇습니다!" 처음 보안 상담을 하는 분들은 대부분 무엇을 어디서부터 어떻게 진행해야 하는지에 대하여 궁금해한다. 가장 기본적인 보안 검색 계획은 실시 당일까지 보안 유지가 철저해야 한다. 그리고 문의 전화는 보안구역 내의 일반 전화기 또는 휴대폰으로 해서는 절대 안 된다.

[보안업체 선정방법]

- 먼저, 네이버 등 인터넷 검색창에 들어가서 "도청", "감청" 등과 같은 관련 키워드를 검색하면 전문기업을 포함해서 약 10여 개의 사이트들이 나타나게 된다.
- 여기에서 각 사이트별로 소위 "수준"을 파악하여 무자격 또는 미등록 불법업체를 피해야 하는데, 이게 도무지 알 수가 없고 보면 볼수록 어렵기만 하다. 당장 국제적인 산업스파이에 대응해야 하는데, 심부름센터 수준의 기업과 노하우가 많은 알짜 전문 기업

을 식별하기가 쉽지 않은 것이 실무 담당자의 고민이다.

왜 그럴까? 한마디로 사이트만 보게 되면 더욱 혼란스럽기만 하다. 최근 설치 및 사용되는 첨단 도청 장비는 어떤 것인지, 또 그에 대응해야 하는 원리와 이론을 모르다 보니, 잘못 이해된 수준 이하의 내용인데도 불구하고 홈페이지에는 자신 있게 그리고 그럴듯하게 써놓았으니, 그런 정보를 보는 실무자들은 당연히 판단이 어려울 수밖에 없다.

과학기술정보통신부에서는 2004년 8월부터 "불법감청설비탐지업" 등록제를 실시하고 있다. 따라서 등록업체 여부를 반드시 확인해서 도청기를 제거하려다 오히려 소중한 정보를 유출하는 불행한 결과를 초래하는 일이 없도록 해야 한다. 이미 업계에서는 미등록, 무자격 불법업체에 대한 피해 사례가 제보되고 있다.

· 아울러 전화 상담 및 방문 시에는 다음과 같은 실무 내용을 꼭 질문하고, 확답도 받고 가격 조정도 반드시 해야 한다.
  ① 디지털 도청에 대하여 어떻게 대응하는지, 예를 들어 FHSS, 스마트폰, 와이파이 도청에 대한 측정 방법은? 검증도 해줄 수 있는지 질문하고 반드시 비교하라.
  ② 유선(인터넷) 전화 및 팩스, 구내집단(DID, DOD) 전화 교환기와 관련한 유선 방식의 도청 보안 점검은 어떻게 하고 있는지?
  ③ 원격 제어로 작동하는 도청 장치, 예를 들면 보안 검색이 진행 중인 야간 시간대에 작동하지 않는 원격 도청 장치는 어떻게

찾아내는 지와 그에 대한 검증을 요구하라. 이때 검증에는 도청기를 사용하면 가장 좋겠지만, 도청기 소지는 불법이기 때문에 갖고 있지 않을 것이므로 본인이 사용하고 있는 스마트폰 그리고 회사에서 보유하고 있는 무전기(소출력으로 조절한 후에 사용), Wi-Fi AP 또는 기타 방법 등으로 요청하면 실험은 가능하다.

④ 비용 지출 부담은 있지만, 2개 기업 정도를 동시에 진행해보고 향후 정기 계약을 맺는 것도 좋은 방법이다.

⑤ 위의 모든 사항을 확인했으면 이제 가격 비교를 해야 한다.

Chapter 07_사내외 및 특정구역 보안측정을 위한 고려사항

보안구역 지정과 견적 의뢰

견적은 1회성 또는 매월, 매분기별 등 정기적인 보안측정에 대해 각각 의뢰할 수 있다. 도청이 의심스러울 때에는 1회성으로 점검을 하는 경우도 있지만 일반적으로는 분기별로 수행하는 것에 대해 계약을 하고 측정을 의뢰하기도 한다. 그러나 정기적으로 하더라도 불특정 일자에 갑자기 시행하는 편이 보안 유지에는 훨씬 더 좋다.

견적을 의뢰할 때는 탐지를 하려는 구역의 면적과 대상 전화기, 차량의 대수를 기준으로 한다. 그리고 특별한 경우에는 측정 항목별로 견적을 의뢰할 수도 있다. 일반적으로 탐지구역의 면적이 작을 경우에는 기본 비용이 있으며, 그 후로부터는 원/제곱미터로 계산한다. 이때 면적이 넓을수록 면적당 단가는 내려가게 된다. 대상 구역의 위치에 따라 추가 비용을 청구하기도 한다. 예를 들어, 서울 및 수도권을 제외한 지방별로 출장 갈 경우에는 실비 정도를 생각할 수 있다. 지방 대도시에도 과학기술정보통신부에 등록한 "불법감청설비탐지업" 관련 업체가 여럿 있다.

Chapter 07_사내외 및 특정구역 보안측정을 위한 고려사항

투입 장비 리스트와 항목

보안회사는 고객측의 의뢰를 받은 특정 보안 관리 구역을 대상으로 추정 가능한 모든 유형의 도청 장치를 검사하기 위해 정밀 보안측정 장비를 각각 기종별로 투입한다.

보안측정에 투입되는 장비의 대상 항목으로는 무선 도청(아날로그, 디지털), 유선(인터넷) 선로 도청 탐지 장비 등을 기본 구성으로 하며, 도청기에서 발신되는 무선 전파의 방향 탐지를 비롯하여 위치 추적용 기자재를 집중 투입하며, 보안구역의 지형지물에 따른 도청 가능성을 감안하여 필요한 경우에는 레이저나 적외선 등에 대한 방지 방안도 동시에 수행한다. 이때 투입되는 장비는 총 10여 종을 상회하며 고객의 보안관리상 해당 투입 기기의 기술과 기능, 규격 명세는 본 사이트에서 제공하지 않는다. 하지만 탐지를 의뢰하는 회사측에서는 신뢰성 있는 보안측정을 우선하고 충분히 비교 및 검토를 하기 위해서 투입장비 리스트 제공을 요청할 수 있다.

[투입장비 리스트]

- 스펙트럼 애널라이저 : 아날로그 및 디지털 신호를 감지하여 신호를 분석한다. 특히 디지털 신호 분석을 위해서는 많은 시간이 소요된다.
- 스마트폰·GPS 위치 추적기(차량) 전파 탐지 : 앞서 여러 차례 언급했지만 스마트폰 사용이 금지된 시간 및 구역에서 신호를 감지한다. 여기에는 SIM 카드를 이용한 위장형 도청 장치 및 스마트폰 대역에 숨겨진 전문가급 디지털 도청 장치도 포함된다. 또한 차량에 설치되었을지도 모를 GPS 추적기를 찾아내는 이동통신 대역의 분석 작업도 반드시 필요하다.
- 인터넷 유선 도청 : 인터넷 허브, 공유기 등에 대한 회선 점검을 위한 장비이다. 유선 전화망에 대한 구내 회선도 아울러 점검한다.
- 캐리어 대역 탐지 : AC 전원 라인 등을 통하여 10KHz~150MHz 정도 대역의 비교적 낮은 주파수에서 전송되는 신호가 있는지를 체크한다.
- NLJD(Non Linear Junction Detector) : 기본적으로 반도체류를 탐지한다. 모든 도청 장치에 반도체 없는 회로가 구성될 수는 없다. 작동 중인 도청기나 응답 대기 중 또는 오래 전에 설치된 고장난 도청기들을 찾아낼 수 있는, 사실상 만능 장비이다. 가격은 기종에 따라 차이가 있지만 약 1천만 원 정도부터 판매되고 있다.

[준비사항과 절차]

그렇게 해서 업체 선정이 완료되면 대부분의 경우, 다음과 같은 내용의 간단한 메시지를 전달받게 될 것이다.

1. 먼저 '보안측정 실시 계획서'를 송부하여 드리오니 사내 보안 관리를 위하여 점검 당일까지는 실시 계획의 보안 유지가 꼭 필요합니다.
① 검토하신 후, 비서팀의 협조 요청 및 건물 관리팀 관련 해당 시간대에 AC 콘센트 전원과 함께 연등 신청을 하여 주십시오
② 해당구역의 잠금장치 키 확보와 함께 대 회의실과 영상 회의실 등에는 회의용 앰프와 마이크 등을 작동할 수 있도록 담당 근무자를 입회시켜 주십시오(통신실 및 구내 단자함의 경우, 별도 잠금장치가 관리되는 경우도 있으므로 미리 체크하여 주십시오)
③ 임원 전용 엘리베이터를 사용할 수 있도록 조치하여 주시면 보안 관리에도 많은 도움이 됩니다
2. 사내 보안 관리를 위하여 일과 후에 실시하게 되며 검색 작업 중 일정 소음이 발생되오니 입회자 이외에는 퇴실 조치하여 주시면 좋겠습니다.
3. 이후 모든 상담에 따른 보안유지를 위하여 사내 전화 이외에 별도의 전화 또는 개인 휴대전화를 사용하시기 바랍니다.

담당자 연락처
· 휴대전화 : 010 – 2*** – 4**0
· e-mail : tscmg**up@*mail.com

Chapter 07_사내외 및 특정구역 보안측정을 위한 고려사항

교신분석과 정보해독

보안측정 중 도청기가 발견된 경우, 취약구역에 대하여 보안 관리상 노출된 문제점을 파악하고 심층 분석하여 그에 따른 자료를 정밀 해독하게 되며 보안 측정팀에서는 발견된 도청 장치를 가장 빠른 시간 내에 체계적으로 분석하게 된다.

보안측정을 실시한 후에 도청기가 발견될 시, 보안측정팀의 과학적인 분석 절차는 다음과 같다.

첫째, 송신모드 확인 및 출력을 측정하여 통달 가능 거리를 산출하고, 부근의 지형지물에 대한 환경을 대입하여 대략 어느 지점에서 상대방이 도청 신호를 청취 또는 녹음하였는지 추정한다.

둘째, 남은 배터리의 전압과 전류 등을 근거로 설치 시점과 사용 기간 등을 산출한다. 특히 마이크 성능을 분석하여 도청기가 발견된 장소를 기준으로 도청 가능한 음성 레벨과 반경을 역으로 추산해낸다.

셋째, 발견된 도청기와 관련한 분석 자료를 토대로 도청 기종의 기술 수준과 입수 가능한 용의자 군을 파악하고 특히, 어떤 경로로 주로 유통이 되는 기기인가에 대한 사항도 역추적을 위한 중요한 판단 요소가 된다.

보안측정팀은 이 같은 분석을 근거 자료로 통합하여 이미 유출된 정보의 노출 시점과 정보량, 중요도 등을 파악할 수 있으며 그에 따른 후속 대응을 할 수 있도록 지원한다. 한편, 경우에 따라 상대방 용의자의 재접근을 유도하기 위하여 한시적으로 마이크로 녹화 장치(블랙박스도 가능)를 비밀리에 운용하여 상대방의 움직임에 따른 결정적 증거자료를 채증해내기도 한다. 즉, 정보 탐지에 사용된 수단의 통신 제원과 교신분석 자료를 이용하여 정보 해독 및 교란 전략 수립도 가능하며 이 모든 것은 전문가의 완벽한 탐지수단 및 기획조정으로 이루어지게 된다.

Chapter 07_사내외 및 특정구역 보안측정을 위한 고려사항

결과 보고서 및 종합 의견

해당 보안구역에 도청기가 없다면 사실상 수백만 원대의 비용을 지불하고 대가로 받을 수 있는 것은 "결과 보고서"가 유일하다. 물론 도청기가 발견되지 않으면 그나마 다행이라고 위안을 삼을 수도 있다. 하지만 결과 보고서에는 꼼꼼히 읽어 보아야 할 중요한 팁들이 많이 들어 있다.

보안측정 완료 후, 점검 결과에 따라 보안 사각지대와 취약점 등 보안성 향상을 위한 종합적인 의견 제시로 "보안측정 결과 보고서"와 "포착 주파수와 디지털 위협 전파 확인내용 보고서"를 제출한다. 이 때 제출된 보고서 자료를 기본으로 고객은 보다 체계적인 보안 관리 계획을 수립할 수 있으며 해당 구역의 보안성은 크게 향상된다. 아울러 상담 고객에 대한 모든 명세의 비밀 유지는 완벽하고도 철저하게 보안 관리되고 있으며 다음과 같은 기밀 유지 서약서도 제출하고 있다.

[고객 기밀 유지]

보안업무 상담 고객에 대한 모든 명세의 비밀 유지는 완벽하고도 철저하게 보안관리되고 있으며 기밀 유지 서약서를 제출하고 있다. 단, 국가기관이나 수사기관 등에서 행하는 국가기밀 및 국가안전보장에 영향을 주는 군사, 행정, 외교, 안보와 관련하여 국익을 필요로 하는 경우의 감청 설비를 추적, 탐지하는 행위는 업무내용이 될 수 없다. 아울러, 전파법 및 통신비밀 보호법에 저촉되는 업무는 하지 않는다.

Chapter 07_사내외 및 특정구역 보안측정를 위한 고려사항

1회성 탐지 의뢰와 관련한 보안측정 팁

도청기가 설치되어 있다면 반드시 찾아내야 하는 입장에서는 솔직히 도청탐지 비용이 중요하지 않다. 다만, 그러한 능력이나 자질이 없는 미등록업체에 의뢰를 하는 경우, 예상치 못한 손해를 볼 수 있다.

보안측정 의뢰는 회사의 주요 보안구역을 자세하게 공개하는 만큼 위험에 노출될 가능성이 많다는 것을 알아야 한다. 따라서 다음과 같은 점은 사전에 철저히 확인해야 한다.

① 보안측정을 의뢰할 업체를 선정할 경우, 반드시 "불법감청설비탐지업" 등록 업체인지 여부를 확인해야 한다.

② 요즘에는 일반인들도 "도청" 하면 디지털 도청을 떠올린다. 그런데도 아날로그 도청 기술에 익숙한 나머지, 디지털 도청 기술에는 아직까지 한발 물러서 있는 업체들이 있다. 반드시 투입장비 리스트를 확인해서 점검해야 한다.

③ 비밀 유지 서약서는 반드시 받아두어야 한다. 보안측정을 하면서 지득한 고객사의 비밀 등 여하한 것도 유출이 되면 곤란하지 않겠는가?
④ 타 회사와 비교하여 견적에 큰 차이가 있는 경우에는 측정 항목 등 어떠한 점이 다르게 적용되는지 꼼꼼하게 살펴봐야 한다.

Chapter 07_사내외 및 특정구역 보안측정를 위한 고려사항

탐지가 안 되는 도청기들도 있다(?)

스파이 활동을 하는 입장에서는 도청기가 탐지되지 않는 것만큼 반가운 소식도 없을 것이다. 여러 유형의 도청기가 사용되고 있기 때문에 탐지와 방지 기술도 그만큼 다양하다.

현재 시중에 유통되고 있는 도청기의 종류는 매우 다양하기 때문에 도청 탐지 장비를 적재적소에 잘 사용하지 않으면 탐지가 되지 않고 그냥 넘어갈 수가 있다. 예를 들어, 실드가 잘 된 도청기의 경우, NLJD(Non Linear Junction Detector : 비선형 반도체 탐지기)에 의해 탐지되지 않는다. 보안전문가들이 가장 믿고 의지하는 장비 중의 하나인데도 말이다. 리모컨으로 작동하는 도청 장치의 경우, 대기 모드일 때는 당연히 무선에서 탐지가 되지 않는다. 앞서 언급한 유선 마이크의 경우, 아무리 원시적인 도청 방법이라고 하지만(그래도 전문가급 도청기로 많이 사용되고 있음) 유선 마이크 전용 탐지기를 사용하는 방법 외에는 사실상 별다른 방법이 없다. 그런가 하면, 무선 도청기라고 하더라도 연질 관을 이용하여 도청기가 타깃의 방을 벗어나 있을 경우에는 탐지가 어렵다. 또한 주파수 호핑(FHSS), 이동통신 주파수 대역은 솔직히 수천만 원짜리 장비로도 탐지하기 어렵다. 따라서 위의 내용을 살펴보면, 전문가급의 5G(세대) 도청기들이 이러한 전파 모드, 주파수대에 도청 기술을 숨겨서 사용하는 이유를 알 수 있을 것이다.

그렇다면 가장 확실한 도청보안 방법은 무엇일까? 실내에서 사용하는 경우, 조금 불편함은 있지만 가장 완벽한 것은 사운드 마스킹, 구수회의 시스템이다. 그리고 스마트폰으로는 비화기(소프트웨어/하드웨어)가 최고라고 볼 수 있다. 결국 보안을 위해서라면 어느 정도 불편함을 감수할 수밖에 없다.

Chapter 08

몰카공화국, "당신은 안녕하십니까?"

Chapter 08_몰카공화국, "당신은 안녕하십니까?"
몰카와의 전쟁과 개인 사생활 침해

요즘 사회적으로 한창 이슈가 되고 있는 몰카 역시 디지털 방식이 대세이다. Wi-Fi는 물론 3G로 포워딩하는 방식이 넘쳐난다. 특히 중국산의 경우, 가격도 저렴할 뿐만 아니라 종류도 천차만별이다. 디지털 방식이라고 특별하게 전문적인 업체에서 취급하는 것도 아니다. 정말 큰 일이다. 비양심적인, 그리고 사회 병리 현상이라고 해도 좋을 만큼의 관음증에서 벗어나야 한다. 몰카제국, 그야말로 사회 운동이라도 전개해야 하는 게 아닌가 싶다.

우리 사회에 몰카(몰래카메라)를 이용한 범죄가 끊이지 않고 있다. 지난해 진천 선수촌 여자 탈의실에 몰카를 설치했다가 적발된 일이 있었다. 수영 남자 국가대표 선수가 동료 여자 선수들의 알몸을 찍은 사건이다. 물론 그 이전에도 여자 탈의실, 여자 화장실, 지하철에서의 불법 촬영 등 사건사고는 정말 많았다. 그런데 최근 사회적 이슈가 되었던 홍대 누드 몰카가 정점을 찍은 이후, 피의자인 여성이 구속되면서 남자가 피의자였을 경우와는 달리 구속 수사를 한다며 공정하지 못하다는 시비가 일었고 이것은 곧바로 성 편파 수사를 규탄하는 시위로까지 번졌다.

해외 사이트에 '한국은 몰카국'이라는 말을 퍼뜨려 관광객을 줄이자는 온라인 캠페인도 등장했다. 이제 신문이나 방송 뉴스에 불법 촬영한 영상을 거래한다는 것은 뉴스도 아닌 옛 이야기가 되어버렸다. 휴대폰 케이스형 캠코더로 200여 명을 몰래 촬영한 뒤, 동영상을 인터넷에 유포한 워터파크 몰카 사건의 30대 용의자, SNS에 교복 입은 여고생 출연, 로스쿨 학생이었던 치마 속 몰카범, 지하철 역사에서 여성들의 다리를 몰래 찍은 혐의로 경찰에 현행범으로 체포 된 현직 헌법재판소 헌법연구관 등 얼마나 많은 사건사고가 더 있어야 하는지 알 수가 없다. 경찰에 따르면 몰카범 4명 중 한 명은 아는 사이라고 한다. 정말 놀라운 일이다. 여전히 존재하는 몰카 공포, 이번에는 뉴질랜드 민박 주인이 샴푸통 몰카로 여자들이 샤워하는 모습을 찍어 유포한 사건이 새로이 터져 나왔다.
그런가 하면 서울대 K 교수의 몰카와 ○○사관학교 생도의 화장실 몰카 등등 끝이 없이 발생했다.

며칠 전에는 영국의 유력 일간지인 가디언에서 한국 사회의 "불법 촬영 범죄"에 대하여 집중적으로 조명했다는 국내 언론의 보도가 있었다.

경찰의 집계에 따르면 몰카 피해 적발 건수는 해마다 증가하면서 지난 10년 동안 15배 늘었다고 한다. 그리고 몰카 유포자들은 해외에 서버를 둔 곳이 많다고 한다. 대표적으로 소라넷, 텀블러인데 이들 모두 서버가 해외에 기반을 두고 있다. 대통령까지 나서서 몰카 범죄는 중대한 위법으로 다루어야 한다고 하는 만큼 대한민국이 몰카의 온상이라는 말이 틀린 말은 아닌 것 같다.

Chapter 08_몰카공화국, "당신은 안녕하십니까?"

산업 스파이와 몰카

몰카에도 소위 수준이 있다. 똑같은 디지털 카메라를 사용해도 이게 똑같지가 않다. 스파이들이 주로 사용하는 몰카들의 세계를 면면이 살펴보면 우리가 상상도 못하는 또 다른 세상이 펼쳐진다는 것을 알 수 있다.

도촬 기술의 디지털화와 함께 이를 이용한 불법 촬영(일명 몰카)이 기승을 부리고 있다. 최근에는 카메라의 크기가 작아지면서 단추 구멍 또는 작은 나사못 머리 부분에 카메라 렌즈를 탑재하는 등 은폐 기술이 날로 발전하고 있다. 또 현장에서는 녹화(저장) 및 3G, 4G, LTE Wi-Fi 등 스마트폰 등으로 포워딩하는 수준은 최고 수준에 이르고 있다. 특히, 카메라 영상 전파에 음성을 함께 디지털 변조하여 전송할 수 있도록 초소형 마이크가 내장되면서 이전에는 주로 개인 사생활 침해 사례로 많이 사용되었으나 최근에는 기업체 등을 대상으로 한 산업 정보 수집에도 이용 빈도가 높아지고 있는 실정이다(사진 40).

[사진 40] 이동통신망과 Wi-Fi용 몰래카메라

사실 스파이가 몰카를 사용한 것은 아주 오래 전의 일이다. 옛날에는 초소형 수동 카메라(필자도 007이 썼을 법한 아주 작은 오래된 스파이 카메라를 기념품 수준으로 하나 갖고 있다)를 가지고 적지에 잠입해서 찰칵찰칵 찍었다면 요즘은 타깃 사무실에서 사용하는 여러 가지 기자재 속에 카메라를 은닉한다. 여기서 그치지 않고 사무실에 있는 동일 모델의 제품에 숨긴 후, 가져가서 교체하기도 한다. 스파이들이 사용하는 장비들은 대개 영상을 촬영하여 실시간으로 3G, 4G-LTE로 전송하는 것이다. 그렇게 하면 제3의 장소에서 해당 장면을 시청하고, 녹화하면서 정보 수집을 할 수 있게 되는 것이다. 이 장치에는 현장에서 이루어지는 모든 상황을 원격으로 보고 싶을 때 볼 수 있고, 보고 싶은 만큼 정지화면이나 동영상으로 조작해서 볼 수도 있다.

그런데, 이 장치가 일반적으로 사용하는 것들과 크게 다른 점이 있다. 바로 암호화를 하는 것인데, 보통 AES128 또는 AES256을 사용함으로써 본인들 외의 또 다른 스파이 또는 보안팀들이 도촬 신호를 탈취하거나 감지한다고 해도 절대로 열어 볼 수 없는 자물통을 갖고 있다.

Chapter 08_몰카공화국, "당신은 안녕하십니까?"

몰카의 유형과 대책

사실 작은 카메라, 즉 숨길 수 있는 카메라라고 해서 모두가 몰카는 아니다. 실제로 이들 카메라들이 모두 나쁜 짓(?)을 하는데 사용되는 것은 아니기 때문이다. 산업체에서 널리 사용되는 음지 속의 CCTV도 있고 각각의 사용 용도에 따라 적법하게 쓰이고 있는 것이 훨씬 많다.

대부분의 소형 카메라들은 전파법의 기준에 따른 적합성 인증을 받았다. 그렇기 때문에 부엌에서 사용하는 칼을 불법 흉기로 볼 수 없는 것과 같이 소형 카메라라고 해서 모두 몰카는 아니다. 일단 사용하는 목적에 따라 처벌 근거를 둘 수밖에 없다. 단속 주무기관인 중앙전파관리소나 경찰에 압수되는 몰카의 형태는 실로 다양하다. 스마트폰, 안경, 시계, 단추, 자동차 키, 넥타이, 담뱃갑, 옷걸이, 보조 배터리, USB 메모리, 라이터 등과 같이 다양한 형태로 내부를 몰래카메라 회로로 바꾸어서 가득 채웠다. 일반인들이 외관상으로 보아서는 도저히 알 수 없는 어려운 것들이다(사진 41).

[사진 41] 시계 속에 은닉한 카메라

이외에도 단순히 녹화만을 위한 장치가 아니라 도청 앱이 설치된 스마트폰, 3G, 4G-LTE 포워딩, Wi-Fi, 디지털 무선 카메라, IP 카메라 등을 이용한 새로운 제품들까지 더하면 몰카의 종류만 해도 정말 어마어마하다고 하겠다.

Chapter 08_몰카공화국, "당신은 안녕하십니까?"
몰카 탐지기의 종류와 활용

몰카만 많을 뿐만 아니라 몰카 탐지기도 수없이 많다. 요즘 시중에 새로 판매되는 탐지기의 종류를 보면 매우 다양한데 기능은 천차만별이다.

몰카 탐지기는 몰카가 작동하는 방법에 따라 탐지 방식이 다양하다. 먼저 카메라에 특화된 발열회로 감지 또는 발신된 전파의 전계 강도를 측정하는 방식, 광학적 기술을 이용해서 적외선을 쏘아 카메라 렌즈에서 반사된 포인트를 확인하고 찾아내는 것 등을 비롯해 스파이들이 본격적으로 사용하는 기상천외한 신기한 제품들도 많이 있다.

먼저, 발열회로 감지 제품이 있다. 카메라가 작동을 계속하는 한 회로에서는 열이 발생되는데 이러한 열을 감지해서 찾아내는 방식이다. 최근 몰카 전용 탐지기로 출시된 모델의 경우, 스마트폰에 전용 앱을 설치한 후에 몰카를 찾는 방식으로 특화된 발열회로+적외선 렌즈 파인더 기능도 탑재된 제품이 등장하였다. 이 장비는 유선, 무선(주파수 대역에 관계없이), IP 카메라 등 아날로그, 디지털 카메라 등에 모두 사용할 수 있어 효용성이 아주 높은 훌륭한 장비이다.

전파의 전계 강도를 측정하는 대부분의 장비들은 사용 주파수 대역이 6GHz로 되어 있다. 여러 개의 LED 램프가 있어 전파가 발사되는 지점에 가까이 갈수록 레벨이 올라가는 제품들이 그것이다. 그런데 장비 카탈로그에는 6GHz라고 표시되어 있지만, 실제 수신 감도를 체크해 보면 훨씬 못 미치는 것도 적지 않다. 렌즈 파인더형의 경우, 적외선을 쏘는 방법까지는 맞는데 적외선 램프에 따라 흐릿하거나 직진성이 모호한 것 등 탐지해 낼 수 있는 능력에 따라 많은 차이가 나기도 한다. 또한, 카메라의 영상을 모니터할 수 있는 장비도 있다. 휴대용으로 아날로그 카메라를 복조할 수 있으며 카메라로 찍힌 영상을 직접 확인할 수 있기 때문에 인기가 많다.

필자는 이 장비 하나만 사용할 것을 권하지 않는다. 디지털 방식의 카메라가 넘치는 이때, 단순히 구형 아날로그 신호만을 찾아서는 곤란하지 않겠는가? 결국 위의 발열회로+렌즈 파인더 또는 전계강도 감지 및 렌즈 파인더를 같이 사용해야만 대부분의 아날로그, 디지털 방식의 카메라를 함께 감지할 수 있기 때문이다.

지난 10월, 출장 중에 완전히 새로운 개념의 몰카 탐지기가 개발 되었으니 판매를 해보라는 메일이 왔다. 그때 필자는 TSCM 장비 구매를 위해 유럽을 순회 중이었기 때문에 시간을 약속하고 S사를 찾아갔다. 과연 기존의 장비와는 다른 아주 새로운 방식의 제품이었다. 카메라의 ○○가 작동하기 위해서는 무조건 발진하는 주파수가 있는데 그 신호를 탐지하는 것이었다. 테스트를 해보니 아주 약한 노이즈 수준의 신호임에도 불구하고 정말 잘 잡아냈다. 인근 20m 이내의 카메라는 모두 감지해서 한 화면에 표시해주는 새로운 방식이었다. 일반 유선 CCTV 카메라는 물론, IP 카메라 등 아날로그, 디지털의 모든 카메라를 감지하는 것이다. 옛날 아날로그 시대에도 비슷한 주파수를 감지하는 방법이 있었는데 그때는 카메라에 탐지기를 거의 밀착해야 겨우 감지가 되는 수준이었다. 그러나 이 제품은 성능은 우수하지만, 가격이 수백만 원대로 너무 높아서 특수한 부서에서나 사용할 수 있을 것 같다. 그동안 보아왔던 장비와는 다른 아주 독특한, 매력 있는 장비였다.

[모델 A]

이 제품은 스마트폰에 장착한 후, 전용 앱을 통하여 카메라를 찾기 위한 발열회로 감지 기능과 적외선을 이용한 렌즈 파인더로 구성된 몰카 탐지 전용기기이다. 카메라 설치가 의심되는 구역에서 이 모델 A를 가지고 서치를 하게 되면 숨겨진 카메라를 정확히 찾아낼 수 있다.

즉, 이 제품은 아날로그, 디지털, 유선, 무선, IP 카메라 등 어떤 종류를 막론하고 카메라에 특화된 발열회로 탐지가 열이 발생하는 카메라의 회로 부품 또는 렌즈 파인더로 카메라 렌즈를 찾아내는 용도이다. 스마트폰 화면을 통하여 몰래카메라에서 발생하는 열의 발생

위치와 온도를 측정하거나 렌즈 파인더로 카메라를 찾는데 아주 적합한 탐지 장비이다. 의심되는 발열회로 부분을 캡처 또는 동영상으로 찍어 증거를 보존할 수도 있다. 이것이야말로 기존 탐지기와는 생각의 차이, 발상의 전환이 찾아낸 신제품이다.

심지어는 "어느 주파수 대역이냐?, 몇 GHz까지 찾을 수 있느냐?" 하는 질문에 대해서도 간단히 "주파수 대역과 관계없습니다"라고 대답할 수 있다. 그런 만큼 사용법도 매우 쉽다. 크기가 스마트폰의 1/4 정도로 작기 때문에 간편하게 휴대할 수 있고 필요한 경우에는 언제 어디서나 스마트폰에 연결만 하면 안심 탐지기로 작동한다. 이 제품의 가격은 40~50만 원 정도이다.

[모델 B]

대만에서 생산한 모델 B는 전계강도 감지 및 렌즈 파인더 기능을 동시에 갖춘 것으로, 사용하기에 매우 편리하다. 주요 규격과 기능은 다음과 같다.

사용 주파수 대역은 50MHz~6GHz, 알람은 LED 램프로 표시하거나 비프(Beep)음 또는 진동이 발생하게 할 수도 있다. 무선 카메라의 경우, 2.4GHz 주파수를 사용하고 출력을 10mw 기준으로 할 때 4~5m, 5.8GHz 주파수를 사용하고 출력을 10mw 기준으로 할 때 약 0.5m 이내에서 감지할 수 있다. 그리고 스마트폰은 약 3m, 3G 2100MHz 대역에서 약 6m 이내에서 감지한다. 여기에서 스마트폰은 3G, 4G 등으로 포워딩하는 카메라를 찾기 위함이다. 비교적 사용 방법이 간단한 제품이지만, 전계 강도를 감지하려면 반드시 전파를 발사할 때만 탐지가 가능하다. 그렇지 않은 경우에는 렌즈 파인더로 찾아야 한다.

[모델 C]

러시아에서 생산한 모델 C는 핀홀 렌즈가 숨겨진 마이크로 비디오 카메라를 빠르게 감지할 수 있도록 설계되었다. 탐지 원리는 빛의 반사 또는 '반사 플레어(Return Flare)' 효과에 근거한다. 따라서 숨겨진 타깃이 감지되면 그곳 초점에서 밝은 빨간색 점(비디오 카메라 렌즈 반사)이 발생하게 된다.

핀홀 렌즈(지름 1mm)로 숨겨진 비디오 카메라의 거리를 감지하는 것은 작동 조건에 따라 1~20m까지 가능하다. 모델 C는 레이저 조명과는 달리 사용자가 안전하게 사용할 수 있는 장치의 LED 조명을 사용한다(사진 42).

[사진 42] 렌즈 파인더형 탐지 장비

광학 기반으로 작동하기 때문에 무선 주파수 범위와는 관계가 없으므로 이 장치는 작동 모드(켜짐/꺼짐) 및 데이터 전송 유형(라디오 또는 케이블)에 관계없이 모든 광학장치를 감지할 수 있다. 따라서 무선 간섭, 전자기 차폐, 마스킹 거즈 또는 렌즈 후드는 탐지 가능성을 감소시키지 않는다.

이 장비의 프리즘 및 반투명 광학에 사용된 기술 솔루션은 탁월한 광학 특성인 고배율과 넓은 시야 및 우수한 품질을 유지함으로써 매우 콤팩트한 디자인으로 설계되었고, 효율적인 전원 임펄스 소스는 하나의 AA형 배터리(1.5V)로 오랜 작동 시간을 보장한다. 또 사용하기가 쉽고 특수한 기술이 필요하지 않다. 고성능으로 일반 탐지기 중 렌즈 파인더 기종의 원조격으로 생각할 수 있는데, 망원 렌즈 파인더 방식이기 때문에 아날로그, 디지털 방식을 막론하고 모든 카메라를 감지할 수 있다.

[모델 D]

유럽에서 생산한 모델 D는 군사용으로 사용되고 있다. 최대 500~1000m 거리의 다양한 조명 조건에서 다양한 품목, 의류, 작동 또는 분리된 소형 카메라에 위장한 비밀 관찰 시스템(SOS : Secret Observation System)의 위치를 검색 및 시각화하도록 설계되었다.

모델 D의 기본 작동 원리는 광학 물체가 조사 광선을 그 입사각에 가까운 각도로 반대 방향으로 반사시키는, 일명 '고양이 눈'의 효과라고도 하는 광 반사 효과이다. 레이저 IR 다이오드의 전송 채널은 프로빙 방사선의 소스 역할을 한다. 반사된 신호는 인터리브 전송 센서 수신 채널을 기준으로 민감한 비디오 카메라에 등록된다. 이 장치는 비시차 광학 방식, 즉 수신 및 전송 채널의 광학 정렬로 작동된다(사진 43). 송신 채널은 수직으로 위치한 직사각형 래스터의 형태로 레이저 빔을 생성한다. 최적의 이미지 콘트라스트 수신을 위해, 감시 대상까지의 거리에 따라 필요한 경우 래스터 조명 기능을 변경할 수도 있다. 선명도에 초점을 맞춘 이미지는 비디오 카메라 대물 렌즈의 조정에 의해 수행된다.

[사진 43] 비밀 관찰용 카메라 탐지기

감시 객체의 시각화는 의사 쌍안경을 통해 수행된다. 더 나은 이미지를 얻기 위해 본체에 외부 5" LCD 모니터, CCIR 표준 비디오 신호 소켓(외부 모니터, 비디오 레코더 연결용)에 대한 고정 및 연결 장치가 있다. 이 제품의 가격은 1천만 원을 훌쩍 넘는다.

최대 1,000m에서의 몰래카메라를 탐지한다는 것, 생각만 해도 멋지지 아니한가?

Chapter 08_몰카공화국, "당신은 안녕하십니까?"
몰카를 찾기 위해서는…

서울시는 지난 2017년 8월 '여성 안심 보안관' 제도를 도입했다. 주로 여성들을 대상으로 한 '불법 촬영' 범죄가 급증하면서 심각한 사회문제가 되고 있기 때문이다.

여성 안심 보안관은 서울시내 화장실과 탈의실에 몰카가 설치되어 있는지를 찾아내는 일을 한다. 그러나 지난 1년간 화장실, 탈의실, 샤워장 등 시내 6만 5천여 곳을 샅샅이 뒤졌지만 정작 몰카는 찾지 못했다. 그런데도 서울시는 '실적이 없어도 예방 효과'가 있다면서 올해는 예산을 더 늘릴 방침이라고 한다.

몰카를 찾는다고 전국이 들썩인다. 행정안전부, 여성가족부, 경찰청 등 관계부처는 '화장실 불법 촬영 범죄 근절 특별 대책'을 발표했다. 올해에는 몰카의 근절을 위해 예산 50억 원을 투입해 공중 화장실 5만 곳을 상시 점검하겠다는 것이다. 몰카를 찾는 방법이 어렵지는 않다. 그러나 문제는 아날로그 카메라와 디지털 카메라가 있는 반면 몰카의 화면을 볼 수 있는 탐지 장비는 아날로그형이라는 것이다. 그리고 전파의 전계 강도 레벨을 감지하거나 적외선 발광 다이오드를 이용해 아날로그, 디지털 카메라 렌즈를 모두 감지할 수 있는데, 앞서 언급한 것처럼 요즘 아날로그 카메라보다는 당연히 디지털 카메라가 훨씬 더 많다.

첫 번째는 무선 카메라 또는 3G, 4G-LTE 또는 Wi-Fi로 전송되는 카메라이다. 이것은 인터넷으로 실시간 전송할 수 있는 매우 위험한 장치이다. 발열회로+렌즈 파인더, 그리고 무선 탐지기와 렌즈 파인더로 모두 찾을 수 있다.

두 번째는 유선 카메라이다. 유선 카메라는 사실상 발열회로+렌즈 파인더를 이용해서 카메라의 렌즈를 찾는 방법이 가장 쉽다. 이것은 카메라가 작동하지 않는 시간에도 똑같은 방법으로 찾을 수 있다. 이전에는 유선 카메라가 작동할 때, 소정의 수평 발진 주파수 15.75KHz 정도의 VLF를 발생하기 때문에 유선 카메라를 찾기에 굉장히 인기가 좋았다. 디지털 시대가 되면서 요즘은 ㅇㅇ에서 발생하는 주파수를 찾는 방법을 적용한 제품이 새롭게 출시되었으나 아직은 가격이 엄청 비싸다는 것이 큰 단점이다.

Chapter 08_몰카공화국, "당신은 안녕하십니까?"

몰카를 찾을 수 있는 장비의 조건

'몰래카메라를 탐지기로 100% 잡아낼 수 있는가?' 하는 질문에 대한 답변으로 표현하기에는 다소 부담이 있지만 99%는 찾을 수 있다고 본다. 물론 이 답변은 일정 규격 이상의 장비를 투입했다는 전제가 뒷받침 된 것이다.

몰카를 찾기 위해서는 기본적으로 일정 규격 이상의 장비가 갖춰져 있어야 한다. 여기서 일정 규격 이상의 장비라고 하면 엄청난 장비를 생각할 수가 있지만, 반드시 그렇지만은 않다. 다음과 같은 규격을 가진 제품이 확실하다면 카메라도 확실히 탐지할 수 있다. 단, 카메라의 외형으로는 어차피 찾을 수가 없다.

[발열회로 감지+렌즈 파인더 기능]
이 제품은 사용 방법이 간단해서 초보자도 쉽게 검증할 수 있다. 먼저 구매하기 전, 자신의 스마트폰을 가지고 발열회로 감지 장비에 나타나는지 화면을 확인한다. 이때 스마트폰이 붉은 반점으로 나타

나면 작동을 잘 하고 있는 것이라고 보면 된다. 렌즈 파인더도 어두운 벽면에 휴대폰을 올려놓고 적외선을 비추어서 카메라 렌즈와 맞닥뜨린 부분에서 붉은 색 반점이 뚜렷하게 눈에 잘 보이는지 체크해보면 좋다.

[전계강도 감지 기능]

최근 5.8GHz의 카메라는 보편화된 실정이기 때문에 탐지대역 주파수가 최소한 6GHz까지는 되어야 한다. 특히, 3G, 4G-LTE 대역에서는 발사하는 전파의 출력도 미세하지만 스프레드 스펙트럼 방식이라고 해서 계속 전파 스펙트럼이 솟구치는 형태가 아니기 때문에 자신의 스마트폰으로 테스트하는 것이 가장 좋은 방법이다. 스마트폰으로 통화를 하는 동안(동작시켜 놓고) 탐지기로 주변을 훑는다. 이때 0.5~1m 거리에서 반응이 있으면 된다. 5GHz 대역은 마땅히 개인이 테스트할 수 있는 장비가 없으므로 구매처에서 샘플 테스트를 해 보는 것이 바람직하다.

[광학 기능]

무늬만 광학 기능의 조잡스러운 제품들이 많이 있다. 렌즈 파인더는 고배율, 넓은 시야를 유지함으로써 탐지에 많은 도움이 된다. 이렇다 할 기준이 없는 것이 사실이므로 역시 테스트를 해보는 것이 좋다. 위 발열회로 감지+렌즈 파인더와 마찬가지로 어두운 벽면에 휴대폰을 올려놓고 적외선을 비추어서 카메라 렌즈와 맞닥뜨린 부분에서 붉은 색 반점이 뚜렷하게 눈에 잘 보이는지 체크해보면 좋을 것이다.

eBay에서 'Camera Detector'를 검색하면 놀랄 만큼 싼 가격에 수많은 제품들이 소개되어 있다. 가격 또한 5~8달러는 물론 수십 달러에 달하는 제품들도 많이 있지만 100달러 이상 정도의 가격의 제품이라면 꽤 쓸만하다. 우리 모두 자신감을 가지고 대한민국에 몰카가 없는 그날까지 열심히 찾아서 몰카 없는 대한민국을 만들자.

Chapter 09

도청과 몰카에 대한 오해와 진실

Chapter 09_도청과 몰카에 대한 오해와 진실

오해와 진실

2011년쯤, 우리가 새로운 도청 감시 장비인 'The Stealth AXVX'/를 출시하고 난 후 고객사에서 한바탕 소동이 있었다. X사가 문제를 제기했는데 자신의 장비가 특허 침해를 당했다는 것이었다.

당시 경쟁사로서 모 대기업에 BMT를 마치고 납품이 시작될 때였다. 기가 막힌 일이었다. 우리 제품과 그 회사의 제품은 결론적으로 도청 장비를 찾아낼 수 있다는 것만 같을 뿐, 내부 설계 방식이나 소프트웨어의 기본부터 달랐다. 도청 감시 장비가 무엇인지 모르는 사람에게도 약간의 설명을 하면 쉽게 알아들을 수 있는 시스템이었다. 그뿐만이 아니었다. 대부분의 도청 감시 장비에서는 전파가 나타나면 스펙트럼 바를 확인할 수 있다. 우리 장비는 스펙트럼 바가 없고 의혹 주파수가 감지되면 곧바로 화면에 나타나는 신기술이었다.

그러나 아무리 서로 다른 장비의 구성일지라도 대외적으로 공식적인 결과에 대한 문서가 필요하였다. 결국 특허심판원에 권리범위 확인을 받아 우리가 특허를 침해하지 않았다는 판결문을 정식으로 받았다. 그러나 X사는 특허심판원의 조사 과정에 아무런 대꾸도 하지 않았다. 침해요소가 없다는 것을 본인도 알면서 일단 신제품 출시부터 막아내고 보자는 아주 나쁜 심산이었던 것이다. 그도 그럴 것이 정식으로 문제를 제기하는 것도 아니고 대기업의 조직 체계와 생리를 교묘하게 이용하여 고위층에 투서를 한다느니, 자기 특허를 침해하였으니 해당 제품을 사용하면 그룹을 부도덕한 기업으로 몰아 언론에 제보하겠다는 등과 같이 협박하여 실무 담당자들을 못살게 구는 아주 비열한 작태로 말이다. 필자도 이번 일을 겪으면서 그렇게 영업할 수 있다는 것도 처음 알게 되었다.

보안업계에는 "일과 중에 하루 종일 도청을 해서 저장한 음성 자료를 아무도 없는 야간에 한꺼번에 전파를 발사하는 신기한 도청기가 있다."는 말이 있다. 아마도 디지털 버스트형 도청기를 말하는 것으로 보이는데, 이 장치는 고속 데이터 전송 모드로서 일반 전송 프로토콜보다 2~5배 정도 빠르다. 전송 시간이 짧으면 도청 감시 장비에서 전송 시스템을 숨길 수 있다. 넓은 주파수 범위의 신호와 긴 주파수의 미세 조정시간 때문에 정확한 주파수를 표시하는 것은 거의 불가능하다. 또한 전송되는 오디오 데이터를 가로채고 변경하는 것도 불가능에 가깝다. 이 시스템은 송신기의 내부 메모리에 오디오 데이터가 축적되고 고속으로 짧은 압축 패킷으로 전송된다. 수신기는 역방향 절차를 수행하며 고속 압축 패킷을 수락하고, 오류를 수정하고, 패킷을 결합하고, 이를 디지털에서 아날로그로 변환

한다. 그냥 수 분간 저장하고 수 ms 동안 순간 순간 날려 보낸다. 그러므로 낮에 하는 이야기들을 가득 모아서 한밤중에 전송하는 우스꽝스러운 장치는 더욱 아닌 것이다.

고급 도청이라고 하면 실시간으로 데이터를 수집해야만 더욱 가치 있는 정보이다.

그런가 하면 도청 감시 장비의 수신 감도와 관련해서 제품의 수신감도는 같은데 어떤 장비가 더 많은 면적을 탐지한다는 것은 상식적으로 불가능하다. 안테나의 차이가 있을 수도 있지만 사실상 같은 장비인데 우리 장비는 15평, 어느 업체의 장비는 30~50평을 감시할 수 있다고 한다. 비교는 간단하다. 각 사의 장비 스펙에서 수신 감도를 보면 −95dBm 등이 표시되어 있다. 어느 회사가 보수적으로 상담했는지를 알 수 있을 것이다. 가장 좋은 방법은 똑같은 환경에서 각각의 장비들을 테스트한 후에 판단하는 것이다. 아울러 스마트폰의 감지 여부는 반드시 체크해야 할 포인트이다.

한마디로 도청기는 얼마만한 면적을 감시할 수 있다고 말하기가 어렵다. 해당 도청기의 송신 출력에 따라 다르기 때문이다. 이런 때는 더 적은 면적일수록 더 솔직한 이야기가 아닌가?

글을 마치면서…

디지털 도청에 좀 더 가까이 하라. 그래야 이겨낼 수 있다. 그렇지 않으면 디지털 귀신 같은 존재가 영원히 당신을 따라 다닐지도 모른다.

유럽 **의 한 디지털 도청기 제조업체는 사업권에 대해 묻자 한국에 대리점이 있다고, 내게 말했다. 국내 여러 분야의 보안 관계자들을 만나고 디지털 도청의 위험을 알리기 위한 세 번의 국내 전시회를 치르면서 '아, 안되겠다' 라는 생각에 한 달이 채 되기 전에 남아공으로 건너왔다. 그리고 3주 동안 열심히 썼다. 내가 하는 보안 사업이 늦어지더라도 반드시 넘고 가야 할 산이라고 생각했다.

아무튼 오늘 디지털 도청, 디지털 보안이라는 말은 지겹도록 썼다. 이제 조금 후련해진 기분이다. 약간은 무리이다 싶을 정도로 여러 가지 정보도 내 놓았다. 그동안 높아진 우리의 디지털 보안 수준도 한껏 치켜올려 현장에서 자신감을 가질 수 있게 하였다. 그간의 경험을 모두 이 책에 녹이려고 애를 썼다. 모두 국가 안보, 산업 기밀 보호, 개인 사생활 보호를 위한 믿음직한 도움말이 되었으면 하는 바람이다.

도청 감시, 방지 기술보다 도청 기술에 더 많은 페이지를 할애하였다. 그렇게 해야 디지털 도청 기술에 대하여 더욱 폭 넓게 알고 대응을 할 수 있을 것이라는 생각이다. 사실과 진심은 통한다고 했다. 물론 도청을 하려는 자에게는 그만큼의 경고 메시지도 있다고 봐도 무방할 것이다.

아날로그적 의심으로는 해소가 안 될 상황이라 좀 더 과감하게 여러 장비들을 소개는 하였지만, 사실 한편에서는 모두가 보안 사항이라 아슬아슬한 내용이 많다. 이에 어느 국가, 어느 모델 등의 내용들을 ** 처리하게 되었음을 "그 마음도 오죽 했겠나?" 하고 양해하여 주기 바란다. 도청과 관련한 포렌식, 그 외에도 소개하고 싶은 것들이 너무나 많지만 모두를 위하여 아껴야 할 것도 없지 않다. 물론 이 글에서 공개한 것들에 대해서는 추가 질문도 받지 않을 것이다.

이번 가을, **의 보안 전시회에서 3박의 호텔 체류비용과 항공기 티켓(할인)을 제공해 주겠다며 참관을 권유하고 있다. 또 다른 새로운 정보수집의 계기가 될지도 모를 이번 기회 역시 놓칠 수는 없다.

언젠가 초빙 교수 자격으로 국립과학수사연구소에서 사체 부검 장면을 볼 수 있는 기회가 있었다. 이후 보안 사업에, 통신 기술에 대변혁의 때가 되면 모든 것을 내려놓고 이번에는 남미 아르헨티나, 또는 쿠바쯤 어느 한적한 시골에서 그때의 또렷한 기억으로 소설을 집필하고 싶다. 이 작은 소망을 내 인생 또 다른 하나의 버킷 리스트로 남겨두고, 실천하려 한다.